Wochenplan Mathematik

Klasse 4

4. Auflage 2025

Inhalt: Hans-J. Schmidt
Coverbild: © Noam - AdobeStock.com
Redaktion: Kohl-Verlag
Grafik & Satz: Kohl-Verlag
Druck: Elanders Druck, Waiblingen

Bestell-Nr. 11 400

ISBN: 978-3-86632-095-6

AF850618

Bildquellen Adobestock.com:

S. 1: © Africa Studio, S. 9+44: © Larry Rains, S. 13+15+24+46+47+52: © ValentinaDudnichenko, S. 17+48: © Saichol, Hanna ArtLab, 3D Horse, S. 17+22+48+51+52: © KHOIRUR, ONYXprj, S. 18: © skypicsstudio, S. 18+49: © Alpha, S. 18+49: © kontur-vid, Tartila, pleskach, richard, S. 22+51: © oxie99, Oleh, Vasyl Onyskiv, Diamanddog 76, S. 24+52: © 3D Horse, S. 24+52: © Maestro, BillionPhotos.com, Ints, rosifan19, kubko, Oleh, S. 30: © sunt;

Kontakt: Kohl-Verlag, An der Brennerei 37-45, 50170 Kerpen
Tel: +49 2275 331610, Mail: info@kohlverlag.de

Inhalt

Inhalt

Name: ____________ Klasse: ______ Wochenplan Nr. _____ Abgabe am: ____________

Montag erledigt ☐ kontrolliert ☐

Gib jeweils den Vorgänger und den Nachfolger an.

A) ☐ 219 ☐ B) ☐ 1989 ☐ C) ☐ 671 ☐

D) ☐ 7701 ☐ E) ☐ 9989 ☐ F) ☐ 3787 ☐

G) ☐ 3327 ☐ H) ☐ 1711 ☐ I) ☐ 5821 ☐

Dienstag erledigt ☐ kontrolliert ☐

Welche Zahlen sind dargestellt?

A) B) C) D)

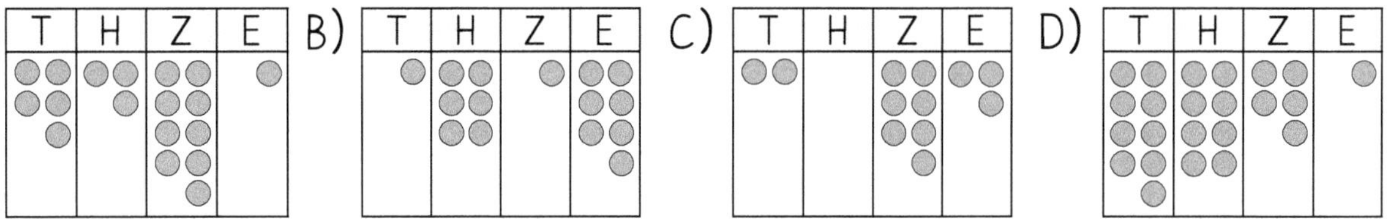

Mittwoch erledigt ☐ kontrolliert ☐

Setze die Zahlen so in die Zahlenmauer ein, dass zwei Zahlen, die nebeneinander stehen, zusammengezählt immer die Zahl darüber ergeben. Löse die Aufgabe zunächst auf einem Zettel oder im Heft und übertrage dann deine Lösung in diese Zahlenmauer.

750	810	640	560	390	980

Donnerstag erledigt ☐ kontrolliert ☐

Zeichne das Muster weiter. Du kannst dein Bild farbig ausmalen.

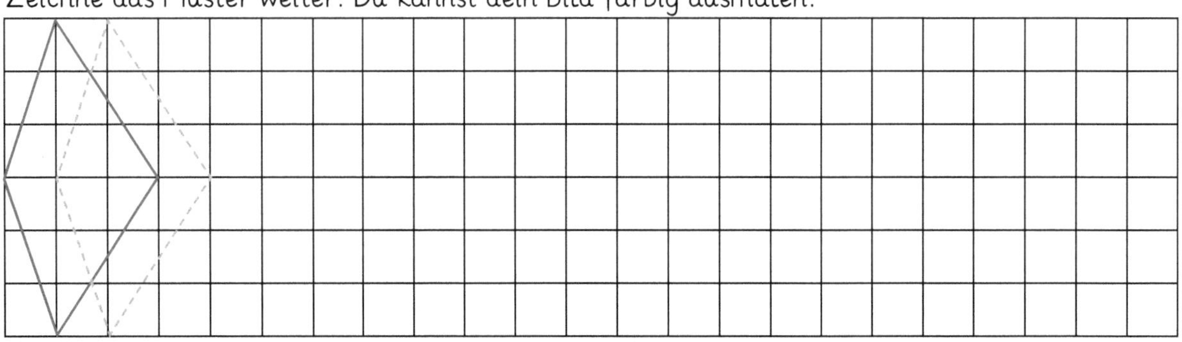

Freitag erledigt ☐ kontrolliert ☐

Runde jeweils alle Zahlen auf Tausender und addiere die gerundeten Zahlen. Aus den Kennbuchstaben der richtigen Lösungen ergibt sich ein Lösungswort.

A)
6549
\+ 8173
\+ 3622

17000 (P) 18000 (K) 19000 (H)

B)
1386
\+ 4791
\+ 2098

8000 (A) 9000 (Ö) 10000 (L)

C)
897
\+ 7415
\+ 4501

11000 (R) 12000 (L) 13000 (I)

D)
6432
\+ 7607
\+ 4495

18000 (T) 19000 (I) 20000 (S)

E)
1179
\+ 6638
\+ 7763

14000 (S) 15000 (N) 16000 (I)

Lösungswort:

A	B	C	D	E

Name: ____________ Klasse: ______ Wochenplan Nr. ______ Abgabe am: ____________

Montag erledigt ☐ kontrolliert ☐

Zeiche die Körper nach.

A)

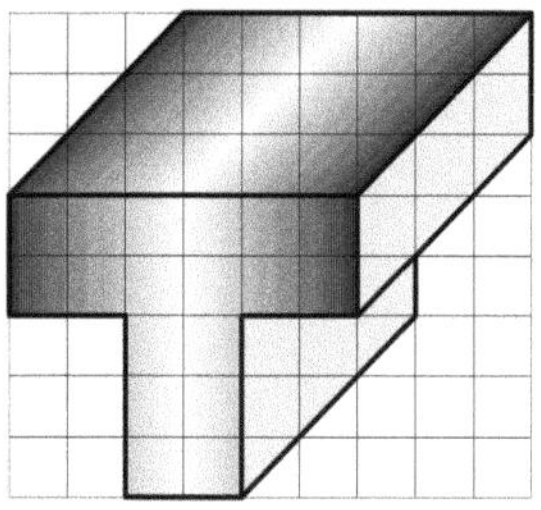

B)

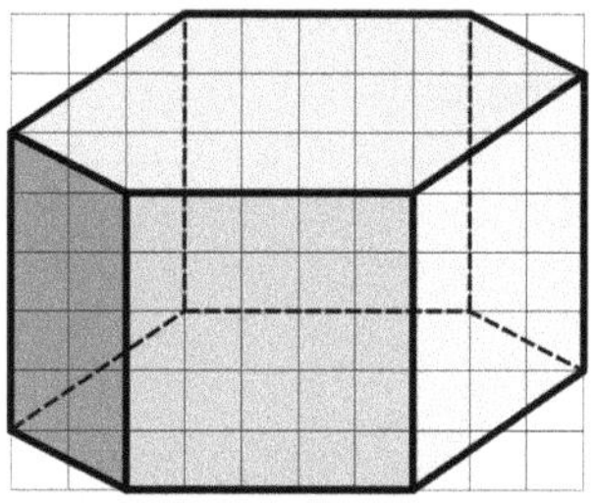

C)

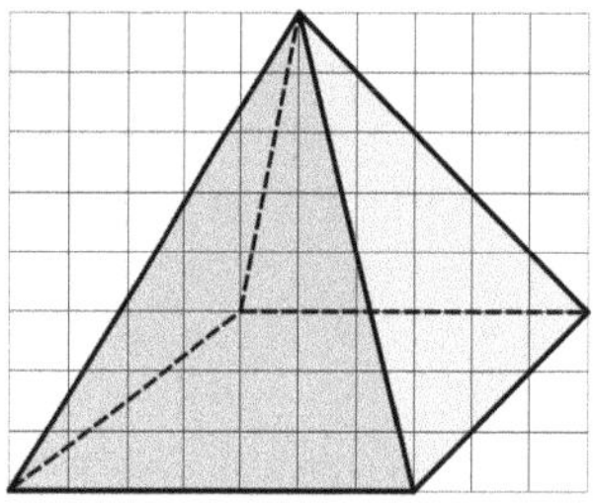

Dienstag erledigt ☐ kontrolliert ☐

Schreibe jeweils als Zahl.

A) dreitausendachthundertdreiundzwanzig ☐

B) zwölftausendeinundachtzig ☐

C) elftausendeinhundertneunundvierzig ☐

D) siebentausendvierhundertsiebzig ☐

Mittwoch erledigt ☐ kontrolliert ☐

Vervollständige die Plustreppen so, dass zwei Zahlen in Feldern, die nebeneinander stehen, zusammengezählt immer die Zahl im oberen Nachbarfeld ergeben.

A)

			☐
		☐	☐
	☐	☐	
6039		2319	
☐	1739	☐	

B)

			☐
		☐	☐
	☐	☐	
☐		3592	
1724	1251	☐	

Donnerstag erledigt ☐ kontrolliert ☐

Halbiere jede Zahl im Kopf und schreibe deine Lösung in das freie Feld neben der Aufgabe.

A)

1248	→	
2362	→	
4044	→	
1966	→	

B)

1056	→	
2722	→	
3530	→	
4168	→	

Freitag erledigt ☐ kontrolliert ☐

Trage die Zahlen, die genau in der Mitte zwischen den beiden angegebenen Zahlen stehen, in die Kästchen ein. Die Kennbuchstaben bei den richtigen Antworten ergeben ein Lösungswort.

A) 482 ☐ 534
507 (T) 508 (M) 509 (T)

B) 732 ☐ 796
762 (U) 763 (A) 764 (O)

C) 211 ☐ 253
232 (N) 233 (I) 234 (L)

D) 120 ☐ 184
149 (K) 151 (F) 152 (S)

E) 207 ☐ 309
258 (U) 259 (Z) 260 (S)

F) 83 ☐ 127
105 (N) 106 (M) 107 (T)

Lösungswort:

A	B	C	D	E	F

Name: ______________ Klasse: ______ Wochenplan Nr. ______ Abgabe am: ______________

Montag erledigt ☐ kontrolliert ☐

Den Flächeninhalt einer ebenen Figur bestimmst du, indem du die Anzahl der quadratischen Kästchen zählst, die von der Fläche bedeckt werden. Ein Kästchen hat einen Flächeninhalt von 1 cm^2 (sprich: ein Quadratzentimeter).

A) 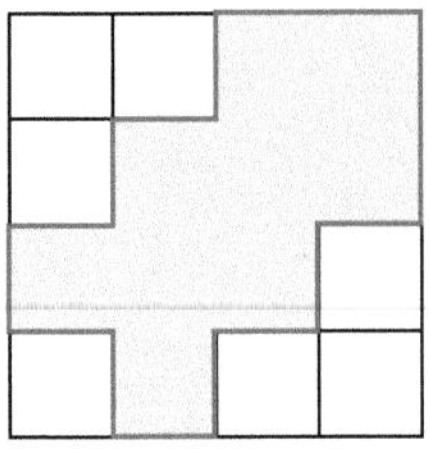 Flächeninhalt: ☐

B) 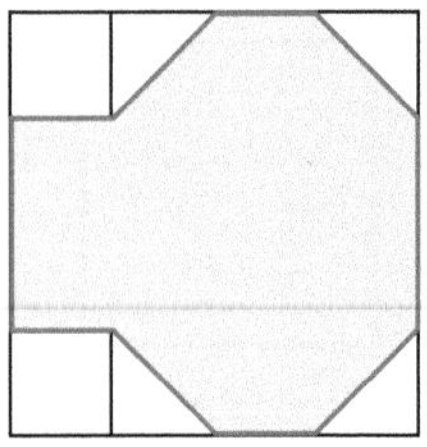 Flächeninhalt: ☐

C) 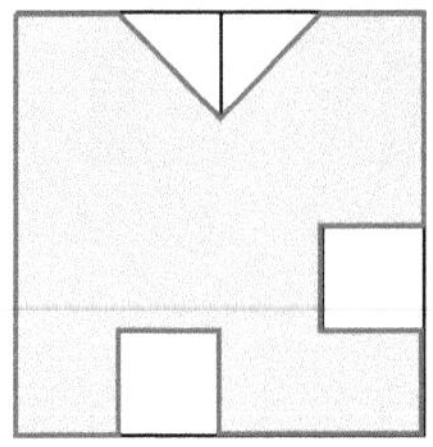 Flächeninhalt: ☐

Dienstag erledigt ☐ kontrolliert ☐

Rechne jede Aufgabe im Kopf. Verbinde die Aufgabe mit der zugehörigen Lösungszahl. Aus den Kennbuchstaben der richtigen Antworten ergibt sich ein Lösungswort.

A) 2384 + 879 =

3153	FA
3363	AL
3263	PR

B) 5127 + 308 =

5453	HE
5435	OV
5473	MU

C) 2837 + 882 =

3719	IA
3179	KL
3917	RE

C) 1779 + 526 =

2305	NT
3205	WE
2350	ZU

Lösungswort:

A	B	C	D

Mittwoch erledigt ☐ kontrolliert ☐

Ein Plättchen wird aus einer Spalte entfernt. Welche Zahlen könnten es jetzt sein?

A) 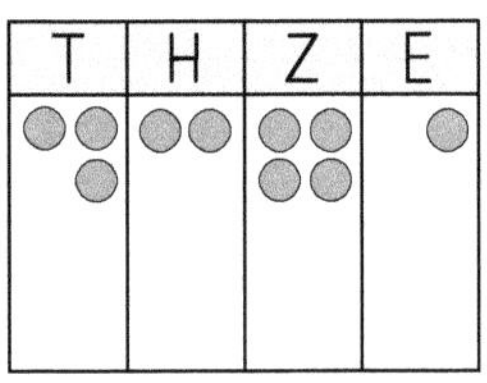

B) 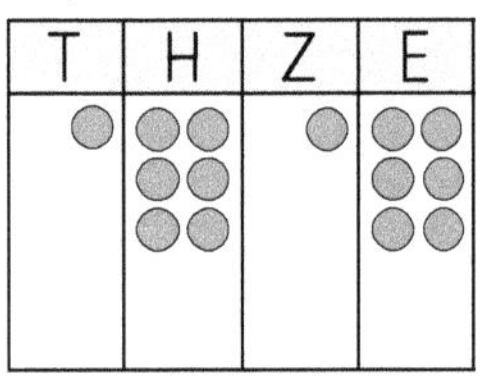

C) 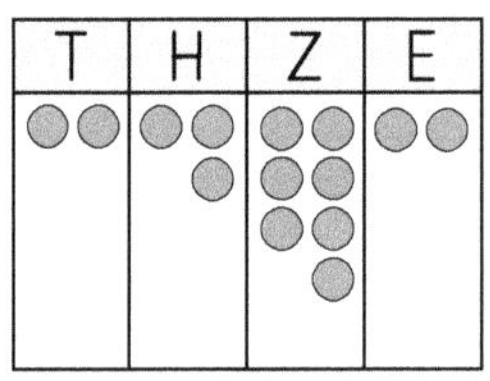

D) 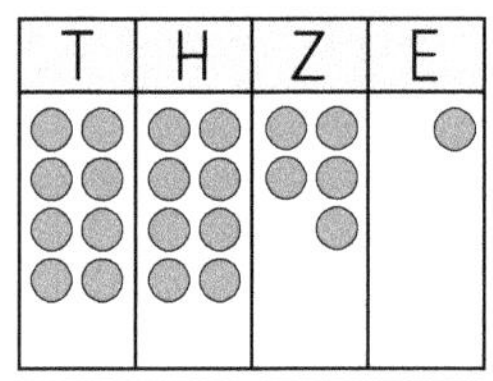

Donnerstag erledigt ☐ kontrolliert ☐

Subtrahiere jeweils von der größeren die kleinere Zahl.

A)

9218	4749	3184	2265

B)

8912	6135	4277	3185

C)

7292	3465	1517	1018

Freitag erledigt ☐ kontrolliert ☐

Kreuze die am Zahlenstrahl angezeigte Zahl an. Aus den Kennbuchstaben der Lösungen ergibt sich ein Lösungswort.

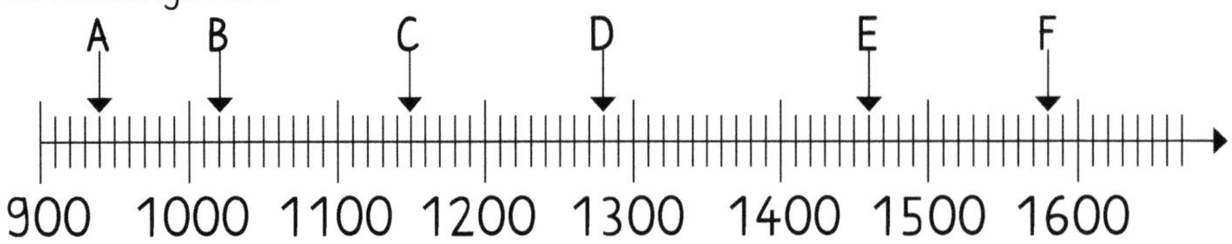

A ☐940 (T) ☐950 (I) ☐960 (W)

B ☐1010 (I) ☐1030 (H) ☐1020 (A)

C ☐1140 (E) ☐1150 (L) ☐1160 (P)

D ☐1280 (E) ☐1270 (M) ☐1290 (U)

E ☐1440 (I) ☐1450 (L) ☐1460 (N)

F ☐1580 (T) ☐1570 (S) ☐1590 (E)

Lösungswort:

A	B	C	D	E	F

Name: ____________________ Klasse: ______ Wochenplan Nr. _____ Abgabe am: ______________

Montag erledigt □ kontrolliert □

Rechne jede Aufgabe im Kopf. Verbinde die Aufgabe mit der zugehörigen Lösungszahl. Aus den Kennbuchstaben der richtigen Antworten ergibt sich ein Lösungswort.

A) 3984 - 812 =

3162	FA
3172	TA
3182	PR

B) 4867 - 632 =

4215	HE
4225	OV
4235	RA

C) 2837 - 724 =

2113	NT
2114	KL
2115	RE

C) 3779 - 556 =

3203	NT
3213	WE
3223	EL

Lösungswort:

A	B	C	D

Dienstag erledigt □ kontrolliert □

Übertrage die Buchstaben unten in die freien Gitterfelder. Male das fertige Bild dann in deinen Lieblingsfarben aus.

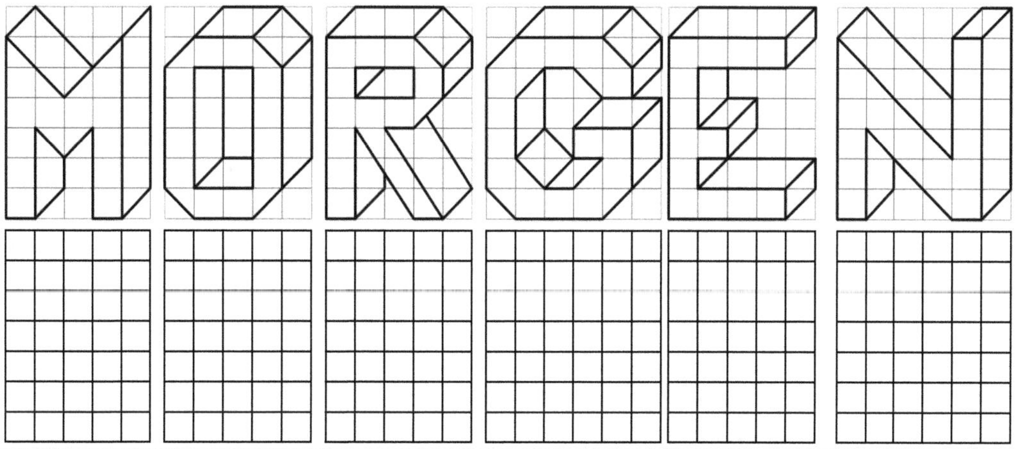

Mittwoch erledigt □ kontrolliert □

Kreuze die richtig gerundete Zahl an. Aus den Kennbuchstaben der richtigen Lösung ergibt sich ein Lösungswort.

A 6357	**B 7504**	**C 8751**	**D 5329**	**E 7286**	**F 1965**
□6200 (S)	□7500 (H)	□8700 (W)	□5200 (S)	□7300 (I)	□1900 (W)
□6300 (F)	□7600 (A)	□8800 (E)	□5300 (M)	□7400 (T)	□2000 (E)
□6400 (C)	□7700 (I)	□8900 (H)	□5400 (L)	□7500 (Z)	□2100 (A)

Lösungswort:

A	B	C	D	E	F

Donnerstag erledigt □ kontrolliert □

Dividiere die Zahlen. Aus den Kennbuchstaben der richtigen Lösungen ergibt sich ein Lösungswort.

A 240 : 15	**B 288 : 12**	**C 224 : 14**	**D 342 : 19**	**E 154 : 11**	**F 195 : 13**	**G 221 : 17**
15 (B)	23 (R)	16 (H)	16 (I)	14 (E)	15 (U)	11 (A)
16 (N)	22 (E)	17 (O)	17 (S)	15 (K)	14 (H)	12 (N)
17 (E)	24 (Ä)	18 (L)	18 (Z)	16 (N)	16 (O)	13 (G)

Lösungswort:

A	B	C	D	E	F	G

Freitag erledigt □ kontrolliert □

Ergänze die fehlenden Zahlen in den Kästchen.

A) 160 —:5→ □ —+118→ □ —:30→ □ —·37→ □

B) 27 —·2→ □ —+6→ □ —:4→ □ —·8→ □

KOHL VERLAG WOCHENPLAN MATHEMATIK / 4. Schuljahr – Bestell-Nr. 11 400

Name: ______________________ Klasse: ______ Wochenplan Nr. _____ Abgabe am: ______________

Montag erledigt ☐ kontrolliert ☐

Rechne die Aufgaben im Kopf aus und schreibe die Lösungen in die freien Felder.

A	5470 + 2310		D	3770 + 1290		G	3570 + 1350	
B	1590 + 2630		E	4810 + 2380		H	5650 + 3910	
C	6020 + 1670		F	1950 + 2760		I	3270 + 2390	

Dienstag erledigt ☐ kontrolliert ☐

Addiere die Zahlen. Aus den Kennbuchstaben der richtigen Lösungen ergibt sich ein Lösungswort.

A

	3	7	8	8
+	3	9	7	4
+	1	0	3	9

☐ 8701 (M)
☐ 8791 (P)
☐ 8801 (O)

B

		9	9	6
+	2	6	5	6
+	1	3	4	4

☐ 4896 (A)
☐ 4996 (L)
☐ 5096 (P)

C

	3	8	6	4
+	1	6	2	7
+	2	5	4	7

☐ 8038 (D)
☐ 8138 (R)
☐ 8238 (L)

D

	3	9	7	7
+	1	7	8	4
+	3	3	5	7

☐ 8918 (M)
☐ 9018 (P)
☐ 9118 (I)

E

	1	2	6	8
+	2	2	3	5
+	3	4	6	5

☐ 6868 (S)
☐ 6968 (E)
☐ 7068 (Ö)

Lösungswort:

A	B	C	D	E

Mittwoch erledigt ☐ kontrolliert ☐

Schreibe den Geldbetrag als Kommazahl.

A

10 €	1 €	10 ct	1 ct
3	7	5	5

B

50 ct	10 ct	5 ct	2 ct	1 ct
6	5	12	7	3

C

10 €	5 €	2 €	1 €	50 ct
7	2	4	6	3

D

100 €	10 €	1 €	10 ct	1 ct
6	0	9	2	7

E

100 €	10 €	1 €	10 ct	1 ct
2	7	0	6	0

F

100 €	10 €	1 €	10 ct	1 ct
1	3	7	0	5

Donnerstag erledigt ☐ kontrolliert ☐

Wandle in die angegebene Einheit um.

	A		B		C
6 km =	m	7 m =	cm	3000 mm =	dm
55000 m =	km	80 dm =	m	7000 cm =	m
300 mm =	cm	8 cm =	mm	300 dm =	cm

Freitag erledigt ☐ kontrolliert ☐

Setze das Muster fort und male dein Bild farbig aus.

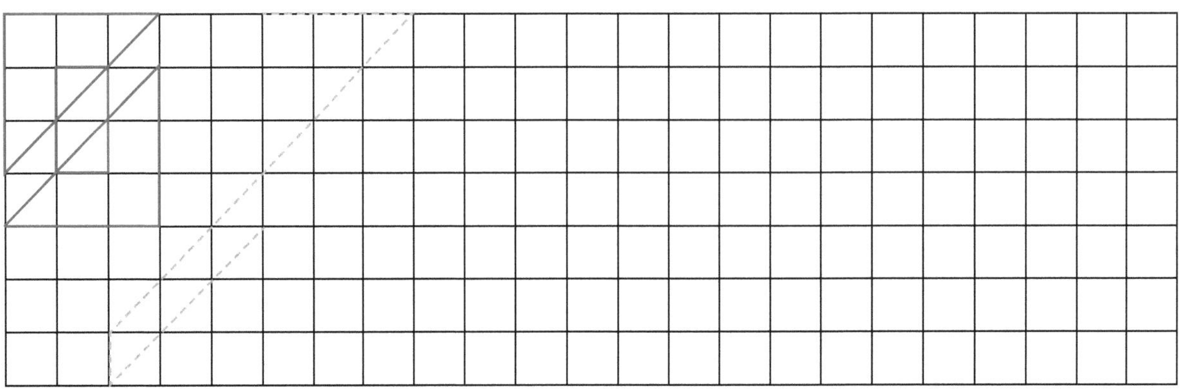

Name: ______________________ Klasse: ______ Wochenplan Nr. _____ Abgabe am: ______________

Montag erledigt □ kontrolliert □

Rechne die Aufgaben im Kopf aus und schreibe die Lösungen in die freien Felder.

A	5470 - 2310		D	3770 - 1290		G	3570 - 1350	
B	3590 - 2630		E	4810 - 2380		H	5650 - 3910	
C	6020 - 1670		F	2950 - 2760		I	3270 - 2390	

Dienstag erledigt □ kontrolliert □

Subtrahiere. Aus den Kennbuchstaben der richtigen Lösungen ergibt sich ein Lösungswort.

A

	5	7	8	8
-		9	7	4
-	1	4	3	9

□3365 (G)
□3375 (K)
□3385 (O)

B

	8	9	9	6
-	2	6	5	6
-	1	3	4	4

□4996 (E)
□5096 (Ä)
□5196 (O)

C

	8	8	6	4
-	1	6	2	7
-	2	5	4	7

□4590 (A)
□4680 (L)
□4690 (K)

D

	7	9	7	7
-	1	7	8	4
-	3	3	5	7

□2736 (E)
□2826 (K)
□2836 (S)

E

	9	2	6	8
-	2	2	3	5
-	3	4	6	5

□3468 (A)
□3568 (E)
□3668 (M)

Lösungswort:

A	B	C	D	E

Mittwoch erledigt □ kontrolliert □

Wie heißen die nächsten vier Zahlen der bildlich dargestellten Zahlenfolgen?

A

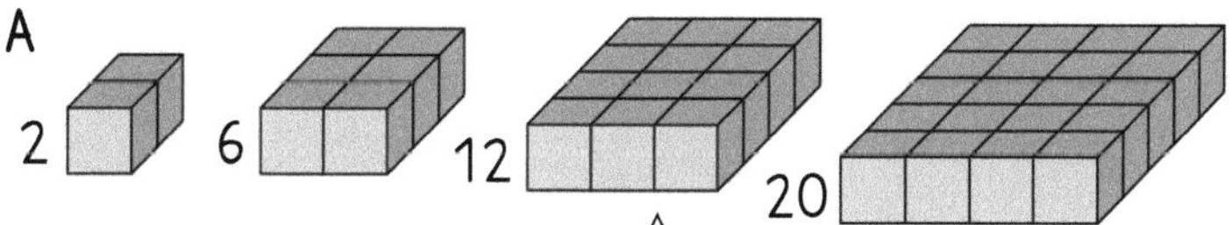

B

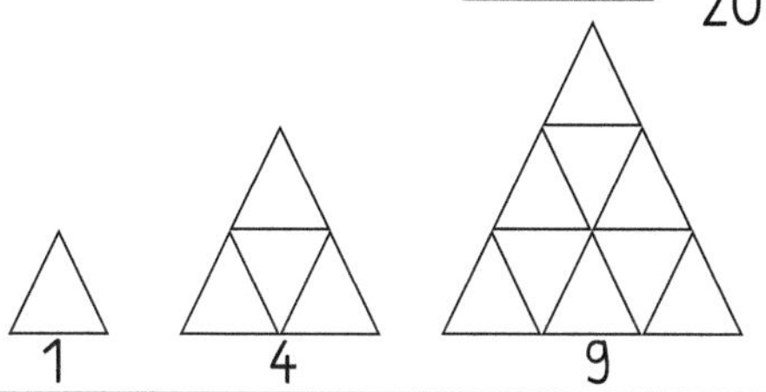

C

Donnerstag erledigt □ kontrolliert □

Schreibe mit Komma in der angegebenen Einheit.

A

3795 g =	kg
5139 kg =	t
250 g =	kg

B

4150 kg =	t
500 kg =	t
80 g =	kg

C

7350 kg =	t
750 g =	kg
10 g =	kg

Freitag erledigt □ kontrolliert □

Setze das Muster fort und male dein Bild farbig aus.

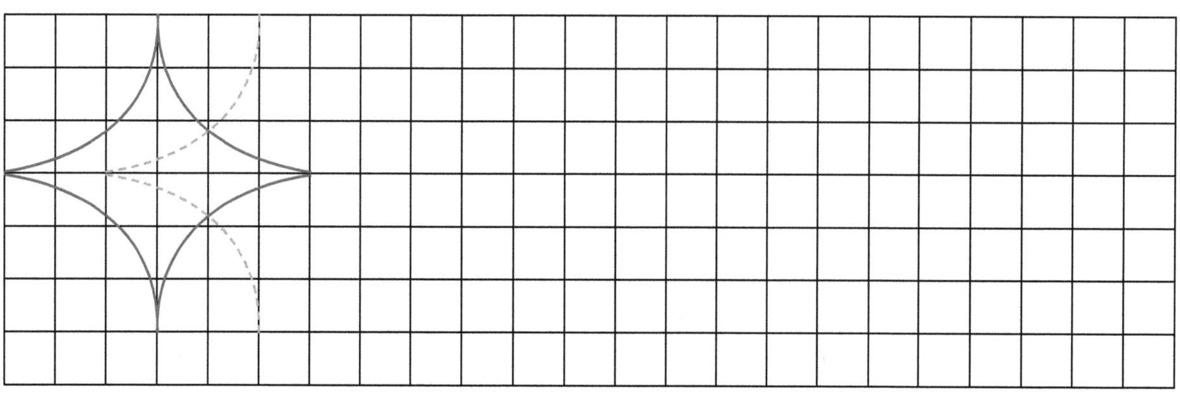

KOHL VERLAG WOCHENPLAN MATHEMATIK / 4. Schuljahr – Bestell-Nr. 11 400

Name: ____________________ Klasse: ______ Wochenplan Nr. _____ Abgabe am: ____________________

Montag erledigt ☐ kontrolliert ☐

Welcher Bruchteil der Figur ist hier jeweils gekennzeichnet? Kreuze die passende Antwort an. Aus den Kennbuchstaben der richtigen Lösungen ergibt sich ein Lösungswort.

A
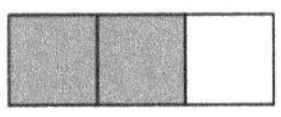
☐ $\frac{2}{3}$ (R) ☐ $\frac{1}{2}$ (I) ☐ $\frac{2}{5}$ (H)

B
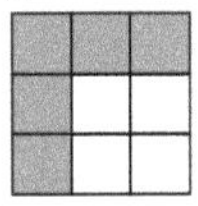
☐ $\frac{4}{7}$ (A) ☐ $\frac{5}{9}$ (F) ☐ $\frac{9}{10}$ (O)

C
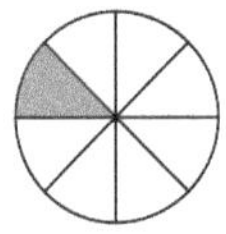
☐ $\frac{1}{8}$ (I) ☐ $\frac{1}{9}$ (P) ☐ $\frac{1}{10}$ (C)

D
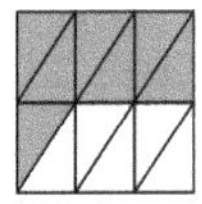
☐ $\frac{4}{5}$ (T) ☐ $\frac{3}{4}$ (H) ☐ $\frac{7}{12}$ (I)

E
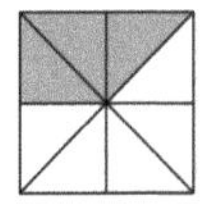
☐ $\frac{1}{6}$ (M) ☐ $\frac{3}{8}$ (N) ☐ $\frac{3}{10}$ (R)

F
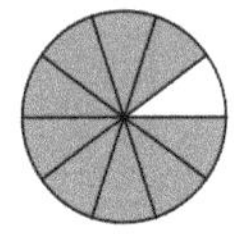
☐ $\frac{7}{8}$ (K) ☐ $\frac{4}{5}$ (B) ☐ $\frac{9}{10}$ (G)

Dienstag erledigt ☐ kontrolliert ☐

Zerlege die Zahlen und trage deine Ergebnisse in die Kästchen ein.

A

100000
55000 +
38000 +
47000 +
89000 +

B

130000
27000 +
68000 +
72000 +
91000 +

C

150000
65000 +
72000 +
49000 +
84000 +

D

175000
52000 +
18000 +
82000 +
63000 +

Mittwoch erledigt ☐ kontrolliert ☐

Zerlege die Zahlen und trage deine Ergebnisse in die Kästchen ein.

A

10000
2 ·
5 ·
100 ·
200 ·

B

14000
2 ·
5 ·
100 ·
200 ·

C

8000
2 ·
5 ·
100 ·
200 ·

D

18000
2 ·
5 ·
100 ·
200 ·

Donnerstag erledigt ☐ kontrolliert ☐

Ergänze die Tabellen.

A		B		C		D		E		F	
kg	g	t	kg	kg	g	mg	g	t	kg	g	mg
3,7		2,4		9,07		400		0,07		6,2	
	2200		1200		5700		2,1		3200		5200
0,27		0,5		0,3		3900		1,02		0,07	
	800		70		400		0,04		760		69

Freitag erledigt ☐ kontrolliert ☐

Multipliziere halbschriftlich.

A
329 · 5 =
300 · 5 =
20 · 5 =
9 · 5 =

B
618 · 8 =
600 · 8 =
10 · 8 =
8 · 8 =

C
564 · 7 =
500 · 7 =
60 · 7 =
4 · 7 =

D
983 · 4 =
900 · 4 =
80 · 4 =
3 · 4 =

E
835 · 9 =
800 · 9 =
30 · 9 =
5 · 9 =

F
573 · 6 =
500 · 6 =
70 · 6 =
3 · 6 =

Name: ____________________ Klasse: ______ Wochenplan Nr. _____ Abgabe am: ______________

Montag erledigt ☐ kontrolliert ☐

Drehe die Figur elfmal um jeweils drei Teilstriche (30°) weiter. Du kannst dein fertiges Bild farbig anlegen.

A

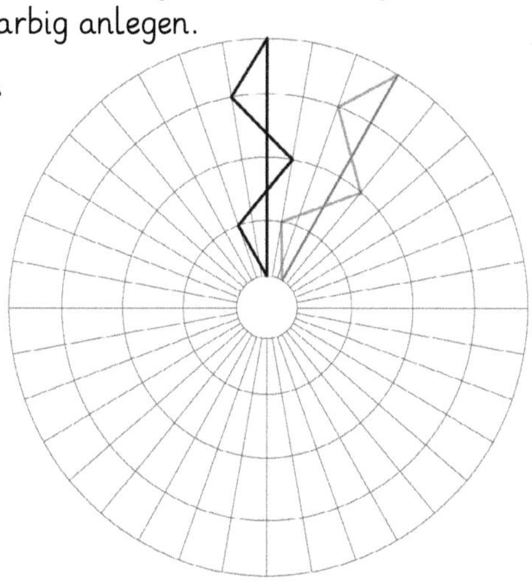

B

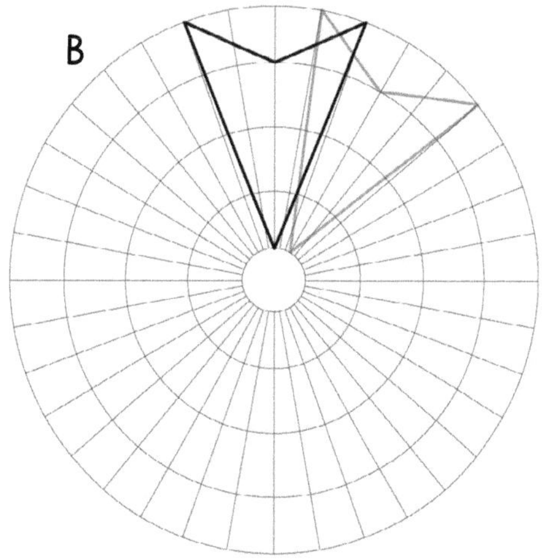

Dienstag erledigt ☐ kontrolliert ☐

Färbe den angegebenen Teil der Abbildungen ein.

A

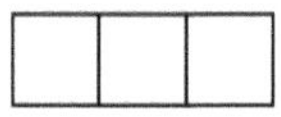

$\frac{1}{3}$

B

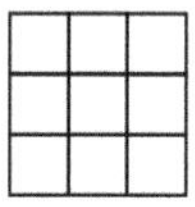

$\frac{7}{9}$

C

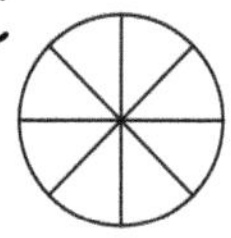

$\frac{5}{8}$

D

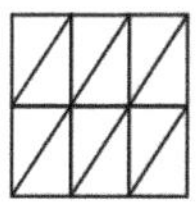

$\frac{5}{12}$

E

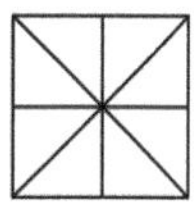

$\frac{7}{8}$

F

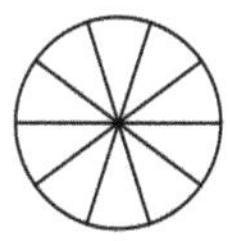

$\frac{3}{10}$

Mittwoch erledigt ☐ kontrolliert ☐

Rechne jede Aufgabe im Kopf. Verbinde die Aufgabe mit der zugehörigen Lösungszahl. Aus den Kennbuchstaben der richtigen Antworten ergibt sich ein Lösungswort.

A $\frac{1}{4}$ von 2 km =

400 m	K
500 m	H
250 m	S

B $\frac{1}{2}$ von 5 cm =

25 mm	A
20 mm	Ö
10 mm	T

C $\frac{1}{5}$ von 2 t =

250 kg	P
500 kg	I
400 kg	L

D $\frac{1}{8}$ von 1 kg =

100 g	L
250 g	N
125 g	M

Lösungswort:

A	B	C	D

Donnerstag erledigt ☐ kontrolliert ☐

Verdopple jede Zahl im Kopf und schreibe deine Lösung in das freie Feld neben der Aufgabe.

A

312	→	
597	→	
978	→	

B

278	→	
339	→	
472	→	

Freitag erledigt ☐ kontrolliert ☐

Kreuze die am Zahlenstrahl angezeigte Zahl an. Aus den Kennbuchstaben der Lösungen ergibt sich ein Lösungswort.

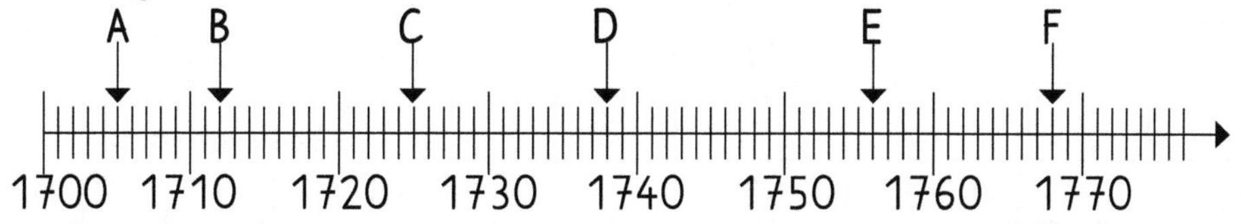

A ☐1704 (P) ☐1703 (T) ☐1702 (W)

B ☐1711 (I) ☐1713 (H) ☐1712 (R)

C ☐1725 (O) ☐1726 (L) ☐1727 (P)

D ☐1737 (E) ☐1738 (F) ☐1739 (B)

E ☐1756 (I) ☐1757 (L) ☐1758 (N)

F ☐1766 (T) ☐1767 (S) ☐1768 (L)

Lösungswort:

A	B	C	D	E	F

WOCHENPLAN MATHEMATIK / 4. Schuljahr – Bestell-Nr. 11 400
KOHL VERLAG

Name: ______________________ Klasse: ______ Wochenplan Nr. _____ Abgabe am: ______________

Montag erledigt ☐ kontrolliert ☐

Löse halbschriftlich. Es bleibt jeweils ein Rest.

A

3	8	8	:	3	=					
3	0	0	:	3	=					
	6	0	:	3	=					
	2	8	:	3	=					

B

9	7	5	:	4	=					
8	0	0	:	4	=					
1	6	0	:	4	=					
	1	5	:	4	=					

C

9	7	5	:	9	=					
9	0	0	:	9	=					
	7	5	:	9	=					

D

8	3	0	:	3	=					
6	0	0	:	3	=					
2	1	0	:	3	=					
	2	0	:	3	=					

Dienstag erledigt ☐ kontrolliert ☐

Setze das Muster fort. Du kannst dein Bild farbig ausmalen.

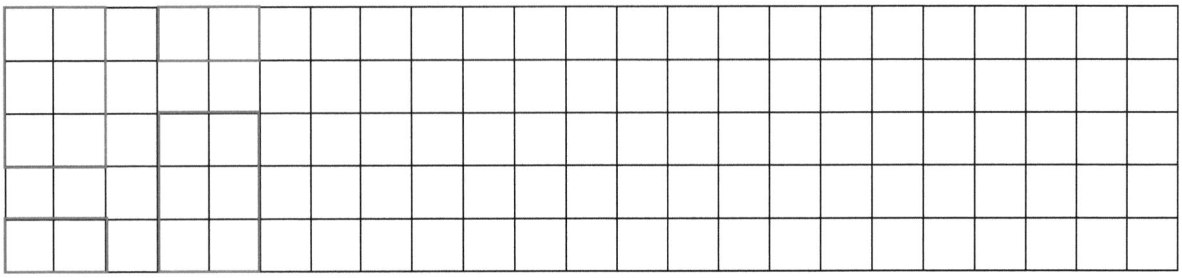

Mittwoch erledigt ☐ kontrolliert ☐

A Immer 217 weiter.

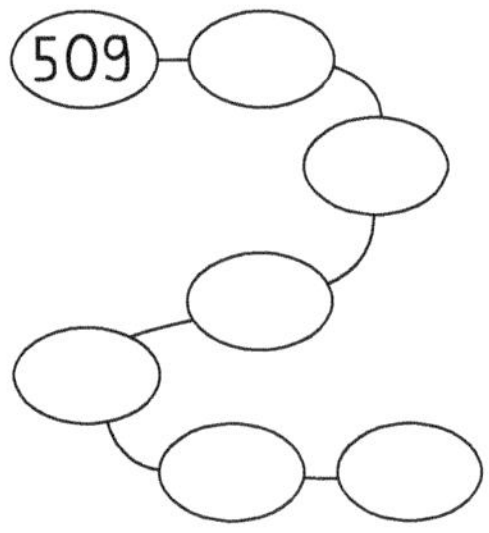

B Immer 195 weiter.

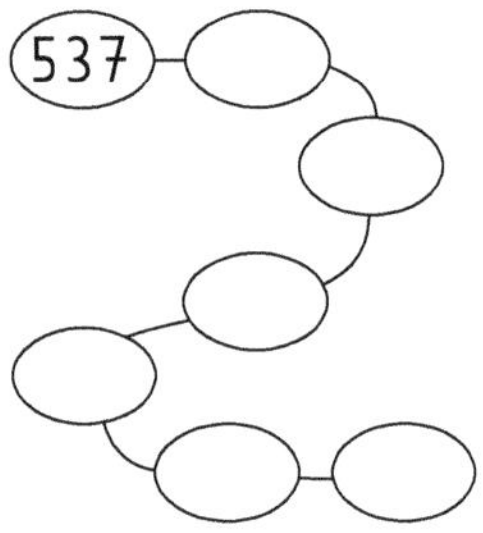

C Immer 368 weiter.

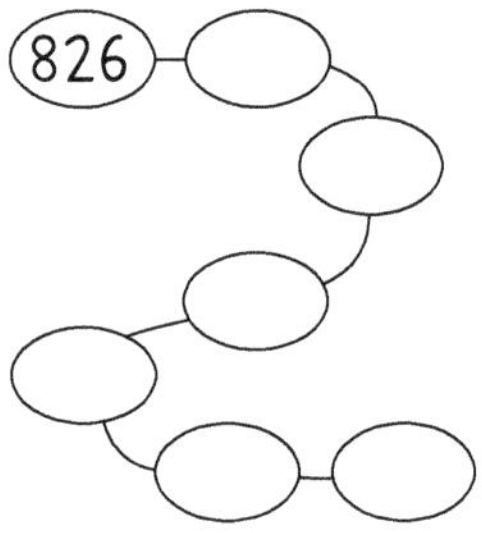

Donnerstag erledigt ☐ kontrolliert ☐

Miss die Strecken und vergleiche deine Messung mit den Lösungen. Aus den Kennbuchstaben der richtigen Lösungen ergibt sich das Lösungswort.

Strecke			
A ├──────┤	(V) 28 mm	(R) 30 mm	(B) 32 mm
B ├────────────┤	(A) 46 mm	(D) 50 mm	(E) 48 mm
C ├────┤	(I) 23 mm	(R) 25 mm	(L) 21 mm
D ├──────────┤	(M) 42 mm	(L) 38 mm	(S) 40 mm

Lösungswort:

A	B	C	D

Freitag erledigt ☐ kontrolliert ☐

Kreuze die richtigen Nachbarhunderter an. Aus den Kennbuchstaben der richtigen Lösungen ergibt sich ein Lösungswort.

A				
P	7500		V	7400
B	7400	**7501**	O	7500
L	7300		A	7600

B				
G	7500		N	7900
M	7600	**7615**	F	7800
S	7700		P	7700

C				
G	8200		L	8400
E	8300	**8372**	F	8500
L	8500		E	8900

D				
G	2500		U	2800
I	2600	**2797**	F	2900
M	2700		E	3000

E				
G	5100		T	5200
S	5000	**5089**	F	6000
L	4900		E	5100

Lösungswort:

A		B		C		D		E	

Name: ____________________ Klasse: ______ Wochenplan Nr. _____ Abgabe am: ____________

Montag
erledigt ☐ kontrolliert ☐

Wie viele Würfel werden jeweils benötigt? Die Kennbuchstaben der richtigen Antworten ergeben ein Lösungswort.

A
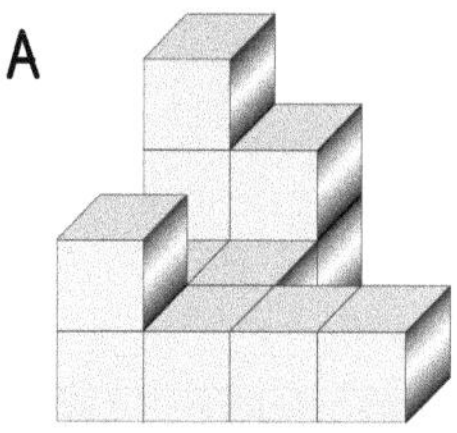
11 (T) 12 (F) 13 (K)

B
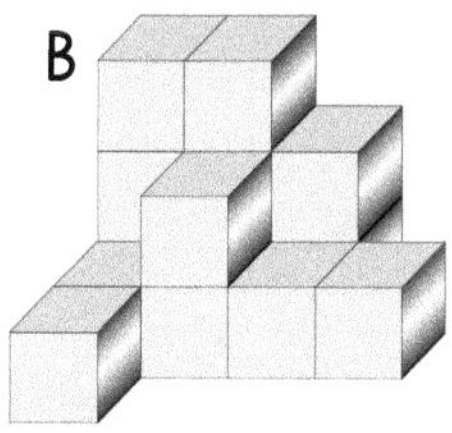
14 (L) 12 (U) 13 (O)

C
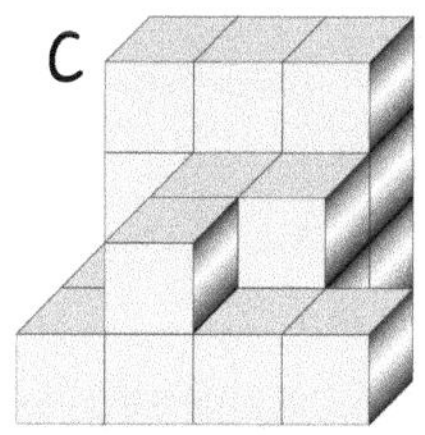
17 (R) 18 (L) 19 (U)

D
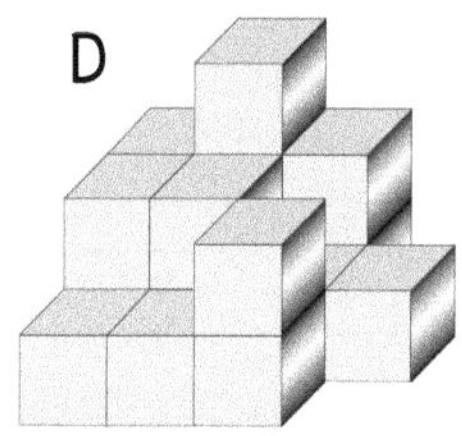
18 (N) 19 (M) 17 (R)

Lösungswort:

A	B	C	D

Dienstag
erledigt ☐ kontrolliert ☐

Kreuze bei jeder Aufgabe an, welche Rechnung zur Lösung der Aufgabe führt. Rechne die Aufgaben schriftlich aus.

A	3425 = 1149 +
	3425 + 1149 =
	3425 - 1149 =

B	2825 = - 1769
	2825 + 1769 =
	2825 - 1769 =

C	- 3672 = 2381
	3672 + 2381 =
	3672 - 2381 =

D	6213 = 3769 +
	6213 + 3769 =
	6213 - 3769 =

E	2637 = 5814 -
	2637 + 5814 =
	5814 - 2637 =

F	2843 = - 1904
	2843 + 1904 =
	2843 - 1904 =

Mittwoch
erledigt ☐ kontrolliert ☐

Multipliziere schriftlich. Die Kennbuchstaben bei den richtigen Lösungen ergeben ein Lösungswort.

A 96 · 19
1824 (M) 1724 (K) 1924 (F)

B 73 · 27
2071 (A) 1971 (O) 1871 (U)

C 52 · 35
1810 (R) 1820 (O) 1830 (V)

D 75 · 43
3025 (D) 3125 (S) 3225 (R)

Lösungswort:

A	B	C	D

Donnerstag
erledigt ☐ kontrolliert ☐

Wie viel Zeit ist vergangen? Aus den Kennbuchstaben der richtigen Lösungen ergibt sich das Lösungswort.

A
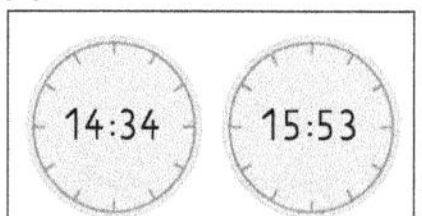

☐ 1 h 14 min (H)
☐ 1 h 29 min (K)
☐ 1 h 19 min (S)

B

☐ 4 h 42 min (I)
☐ 4 h 52 min (A)
☐ 4 h 32 min (M)

C

☐ 4 h 12 min (F)
☐ 3 h 18 min (R)
☐ 4 h 18 min (N)

D
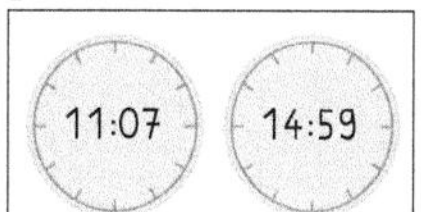

☐ 3 h 58 min (F)
☐ 3 h 42 min (G)
☐ 3 h 52 min (E)

E
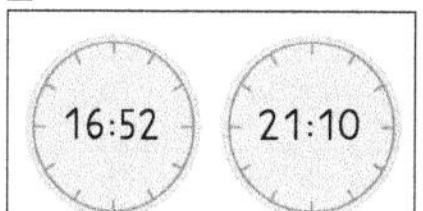

☐ 4 h 12 min (E)
☐ 4 h 18 min (N)
☐ 3 h 18 min (O)

Lösungswort:

A	B	C	D	E	F
					E

Freitag
erledigt ☐ kontrolliert ☐

Frau Meier geht einkaufen und hat den angegebenen Betrag in ihrem Geldbeutel. Kreuze an, wie viel Geld sie noch hat, wenn sie die in den Kästchen gezeigten Beträge gezahlt hat. Die Buchstaben hinter den richtigen Lösungen ergeben das Lösungswort.

A € 85,71
€ 32,83 | € 17,80
€ 35,08 (Z)
€ 34,08 (F)
€ 35,08 (P)

B € 93,41
€ 47,43 | € 39,20
€ 6,58 (R)
€ 6,78 (A)
€ 6,88 (O)

C € 52,18
€ 23,65 | € 19,10
€ 8,83 (T)
€ 9,43 (H)
€ 9,13 (P)

D € 68,57
€ 32,80 | € 17,23
€ 19,54 (G)
€ 18,14 (M)
€ 18,54 (L)

Lösungswort:

A	B	C	D

Name: ______________ Klasse: ______ Wochenplan Nr. _____ Abgabe am: ______________

Montag erledigt ☐ kontrolliert ☐

Schreibe die in der Stellentafel dargestellte Zahl mit Ziffern.

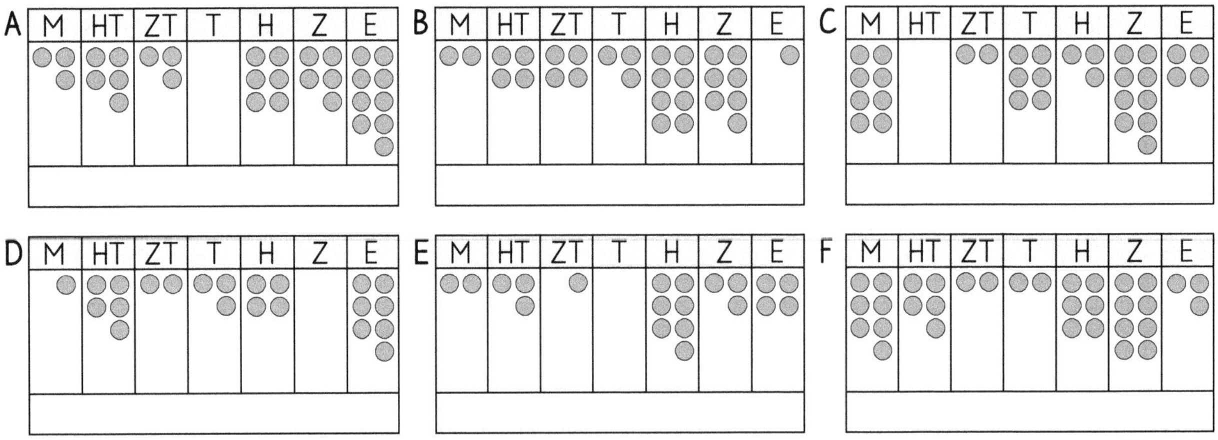

Dienstag erledigt ☐ kontrolliert ☐

Ergänze die Tabellen.

A		B		C		D		E		F	
km	m	m	dm	m	cm	dm	cm	dm	mm	cm	mm
1,7		2,4		0,72		4,2		0,07		6,2	
	270		120		5700		300		3200		520
0,03		0,5		0,02		390		1,02		0,9	
	8000		70		400		7		760		28

Mittwoch erledigt ☐ kontrolliert ☐

Zeichne das Muster weiter. Du kannst dein Bild farbig ausmalen.

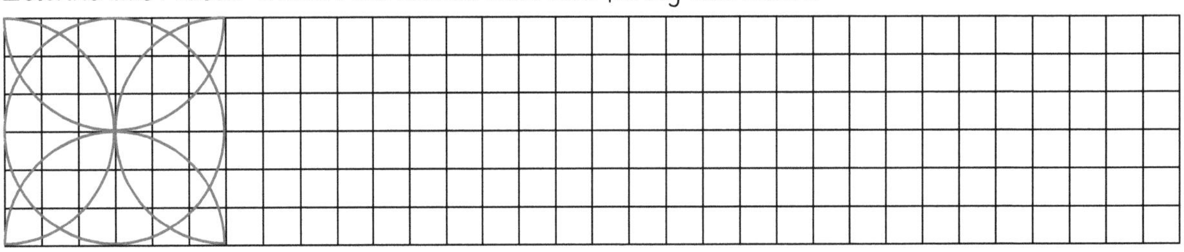

Donnerstag erledigt ☐ kontrolliert ☐

Kreuze die richtig gerundete Zahl an. Aus den Kennbuchstaben der richtigen Lösung ergibt sich ein Lösungswort.

A	**6349**	B	**7554**	C	**8772**	D	**5379**	E	**7226**	F	**1965**
S	6340	H	7600	L	8770	K	5370	A	7230	M	1970
B	6350	A	7550	E	8780	R	5400	T	7220	B	1960
C	6300	I	7560	H	8800	S	5380	Z	7200	A	2000

Lösungswort:

A	B	C	D	E	F

Freitag erledigt ☐ kontrolliert ☐

Den Flächeninhalt einer ebenen Figur bestimmst du, indem du die Anzahl der quadratischen Kästchen zählst, die von der Fläche bedeckt werden. Ein Kästchen hat einen Flächeninhalt von 1 cm^2 (sprich: ein Quadratzentimeter).

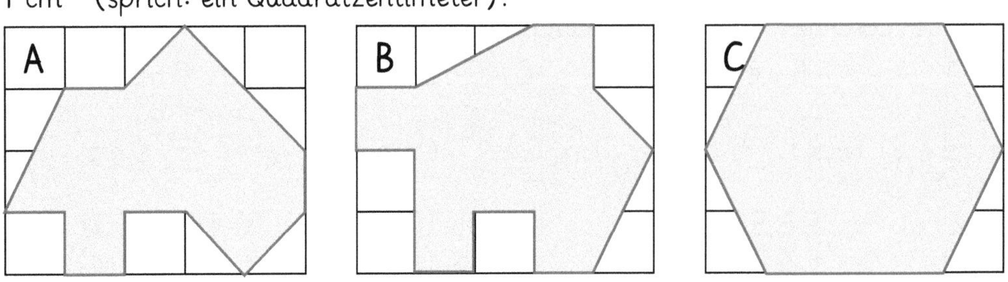

Flächeninhalt: ____ cm^2 Flächeninhalt: ____ cm^2 Flächeninhalt: ____ cm^2

Name: ______________________ Klasse: ______ Wochenplan Nr. _____ Abgabe am: ______________

Montag erledigt ☐ kontrolliert ☐

Rechne die Aufgaben schriftlich. Kreuze die passende Antwort an. Aus den Kennbuchstaben der richtigen Lösung ergibt sich ein Lösungswort.

	A	B	C	D	E
	3974	3552	5574	7365	8497
−	2632	1421	2433	3243	5374

A ☐1242 (F) ☐1342 (P) ☐1331 (H)

B ☐2131 (R) ☐2231 (A) ☐2141 (Ü)

C ☐3041 (R) ☐3141 (I) ☐3241 (L)

D ☐4132 (L) ☐4022 (S) ☐4122 (N)

E ☐3123 (Z) ☐3023 (T) ☐3223 (O)

A	B	C	D	E

Dienstag erledigt ☐ kontrolliert ☐

Rechne die Aufgaben schriftlich. Kreuze die passende Antwort an. Aus den Kennbuchstaben der richtigen Lösung ergibt sich ein Lösungswort.

	A	B	C	D	E
	3174	5135	4562	4547	2155
+	1622	1652	1435	2431	4732

A ☐4696 (K) ☐4786 (A) ☐4796 (S)

B ☐6787 (T) ☐6687 (B) ☐6797 (N)

C ☐5897 (E) ☐5997 (R) ☐6097 (A)

D ☐6878 (B) ☐6968 (N) ☐6978 (O)

E ☐6887 (M) ☐6877 (E) ☐6987 (D)

A	B	C	D	E

Mittwoch erledigt ☐ kontrolliert ☐

Übertrage die Kettenaufgaben aus der Tabelle in die freien Felder und rechne sie im Kopf aus.

+	3700	2100	900	1800	−
1200	J		B		1500
2300		F	A	D	
3100	G	I			1900
4500	C	H		E	

A	2300 + 900 − 1500 =
B	1200 + 900 − =
C	4500 =
D	
E	
F	
G	
H	
I	
J	

Donnerstag erledigt ☐ kontrolliert ☐

Bestimme die Uhrzeit. Die Buchstaben der richtigen Lösungen ergeben das Lösungswort.

A 23:25 – Wie spät ist es in 3 h 46 min?
☐03:12 (L) ☐02:58 (C) ☐03:11 (P)

B 17:06 – Wie spät ist es in 2 h 15 min?
☐19:21 (A) ☐19:28 (R) ☐19:08 (I)

C 08:52 – Wie spät ist es in 3 h 12 min?
☐12:12 (N) ☐12:04 (M) ☐12:08 (R)

D 10:36 – Wie spät ist es in 4 h 39 min?
☐15:15 (P) ☐14:58 (I) ☐15:08 (D)

E 20:09 – Wie spät ist es in 2 h 36 min?
☐22:40 (Y) ☐22:45 (E) ☐22:41 (S)

A	B	C	D	E

Freitag erledigt ☐ kontrolliert ☐

Kreuze die am Zahlenstrahl angezeigte Zahl an. Aus den Kennbuchstaben der Lösungen ergibt sich ein Lösungswort.

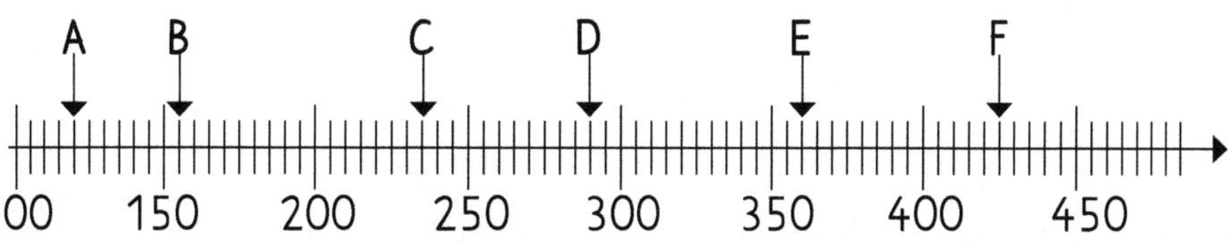

A ☐115 (K) ☐120 (S) ☐125 (U)

B ☐160 (H) ☐150 (N) ☐155 (O)

C ☐235 (R) ☐240 (A) ☐245 (U)

D ☐280 (M) ☐285 (N) ☐290 (B)

E ☐355 (A) ☐360 (E) ☐365 (U)

F ☐425 (T) ☐430 (D) ☐435 (E)

Lösungswort:

A	B	C	D	E	F

WOCHENPLAN MATHEMATIK / 4. Schuljahr – Bestell-Nr. 11 400
KOHL VERLAG Lernen mit Erfolg

Name: ______________________ Klasse: ______ Wochenplan Nr. _____ Abgabe am: ______________

Montag erledigt ☐ kontrolliert ☐

Rechne die Aufgaben aus und schreibe die Lösungen in die freien Felder.

A 3300 + 4780 =		G 4250 + 4620 =	
B 5860 + 3970 =		H 1590 + 8310 =	
C 3070 + 4890 =		I 3050 + 2450 =	
D 2550 + 4170 =		J 7830 + 1950 =	
E 3830 + 2020 =		K 1740 + 6720 =	
F 2800 + 6720 =		L 5650 + 1360 =	

Dienstag erledigt ☐ kontrolliert ☐

Dividiere schriftlich.

A: 2 4 5 : 7 =

B: 3 9 2 : 4 =

C: 3 1 5 : 5 =

D: 6 4 8 : 9 =

Mittwoch erledigt ☐ kontrolliert ☐

Ergänze die Zeichnung so, dass eine symmetrische Figur entsteht.

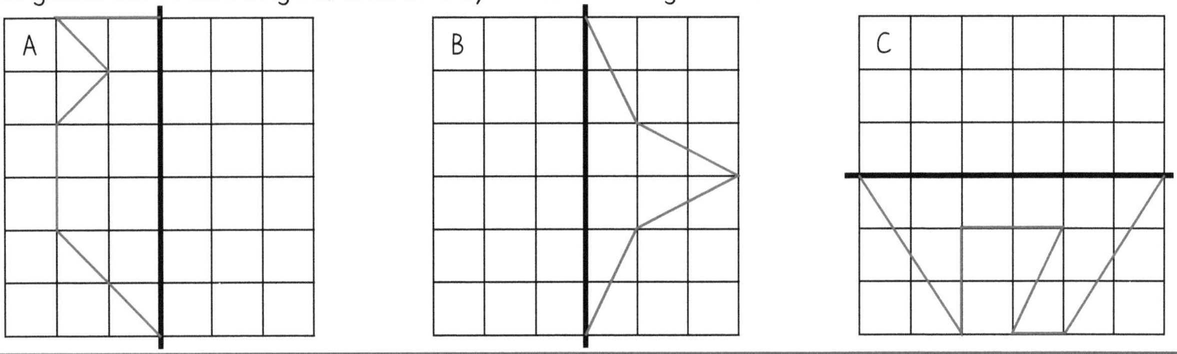

Donnerstag erledigt ☐ kontrolliert ☐

Gib jeweils den Vorgänger und Nachfolger der dargestellten Zahl an.

A
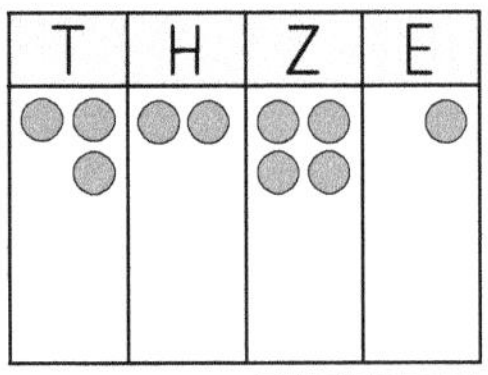

Vorgänger ______

Nachfolger ______

B
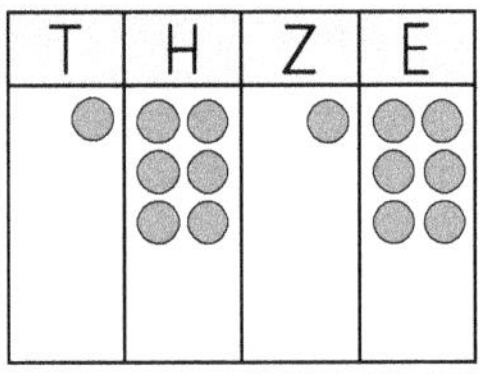

Vorgänger ______

Nachfolger ______

C
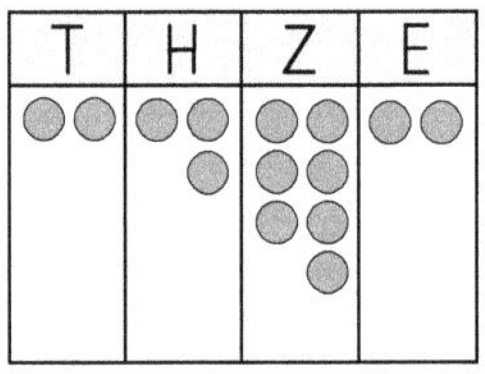

Vorgänger ______

Nachfolger ______

D
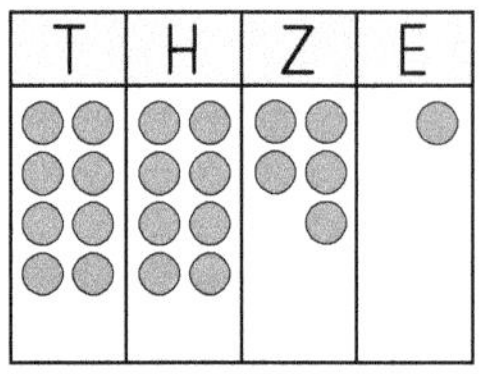

Vorgänger ______

Nachfolger ______

Freitag erledigt ☐ kontrolliert ☐

Schreibe jeweils mit Ziffern in die Stellenwerttafel.

A einhundertzweiunddreißigtausendsiebenundvierzig

B neunhundertachtzigtausendsiebenhundertsechsundsechzig

C einhundertvierundsechzigtausenddreihunderteinundsiebzig

D dreihunderteinundsiebzigtausendeinhundertsiebenunddreißig

E zweihundertfünfzigtausendsiebenhundertsechsundvierzig

F einhundertfünfundneunzigtausendfünfhundertfünfzig

G sechshundertzwanzigtausenddreihundertneunundfünfzig

	HT	ZT	T	H	Z	E
A						
B						
C						
D						
E						
F						
G						

Name: ______________________ Klasse: ______ Wochenplan Nr. ______ Abgabe am: ______________

Montag erledigt ☐ kontrolliert ☐

Fülle die Rechenketten aus.

A Wenn ich eine Zahl durch 6 teile und von dem Ergebnis 25 abziehe, erhalte ich 16.

☐ → ☐ → 16

B Wenn ich eine Zahl mit 5 malnehme und zu dem Ergebnis 17 addiere, erhalte ich 62.

☐ → ☐ → 62

C Wenn ich eine Zahl mit 6 malnehme und zu dem Ergebnis 12 addiere, erhalte ich 72.

☐ → ☐ → 72

D Wenn ich eine Zahl durch 5 teile und von dem Ergebnis 83 subtrahiere, erhalte ich 5.

☐ → ☐ → 5

Dienstag erledigt ☐ kontrolliert ☐

Schreibe die Geldbeträge stellengerecht untereinander und addiere sie.

A	B	C	D
24,85 € + 319,12 €	135,08 € + 281,57 €	66,98 € + 152,46 €	397,14 € + 249,87 €
€	€	€	€
+ €	+ €	+ €	+ €
€	€	€	€

Mittwoch erledigt ☐ kontrolliert ☐

Wie sieht der Bauplan des jeweiligen Würfelgebäudes aus?

A

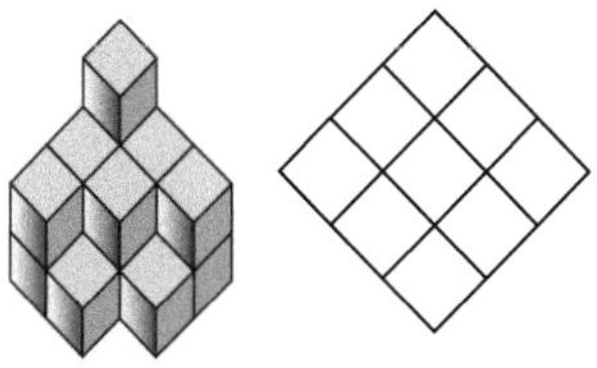

B

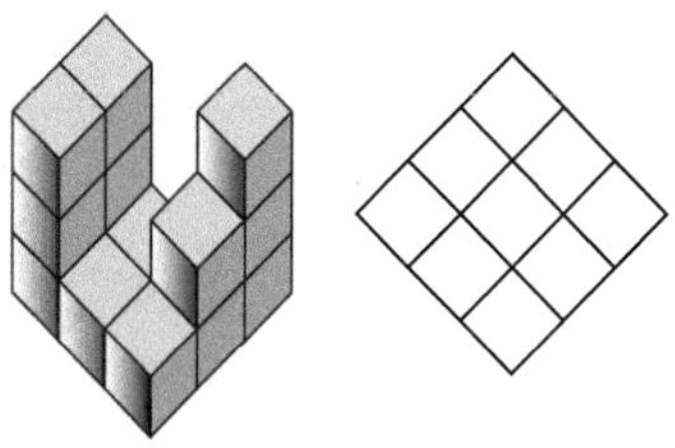

C

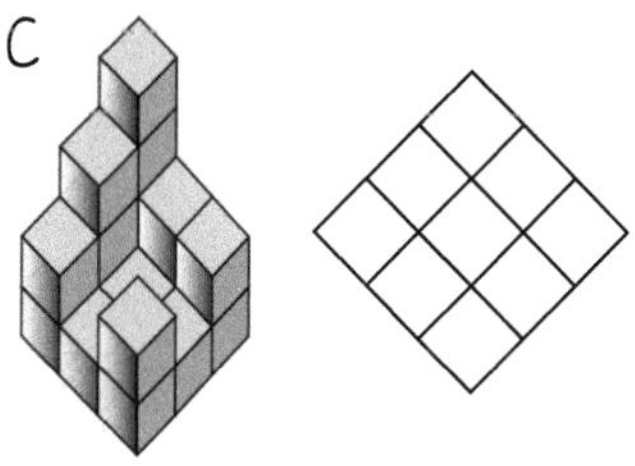

Donnerstag erledigt ☐ kontrolliert ☐

Aus wie vielen Flächen bestehen die abgebildeten Körper?

A

☐

B

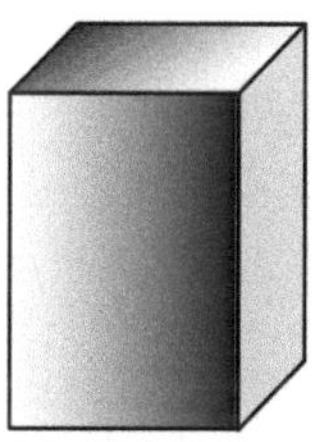

☐

C

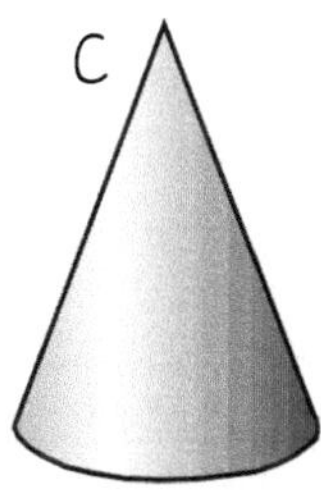

☐

D

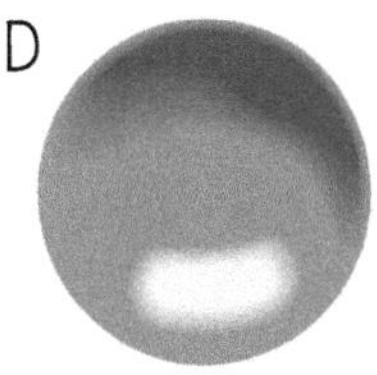

☐

E

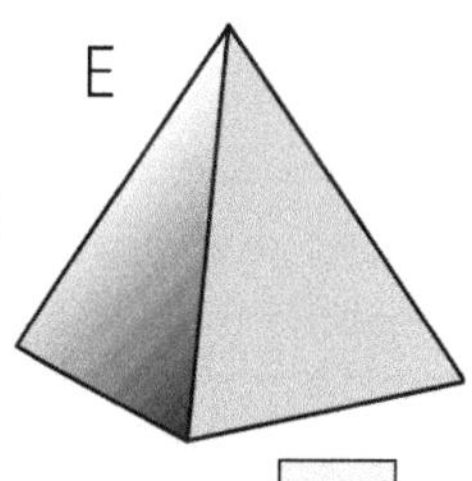

☐

Freitag erledigt ☐ kontrolliert ☐

Welche Maßeinheit (t, kg, g, mg) würdest du für die abgebildeten Dinge wählen? Die Kennbuchstaben bei den richtigen Antworten ergeben ein Lösungswort.

A ☐ mg (P)
☐ g (U)
☐ kg (N)

B ☐ g (I)
☐ kg (A)
☐ t (O)

C ☐ g (I)
☐ kg (A)
☐ t (Z)

D ☐ mg (I)
☐ g (Z)
☐ t (O)

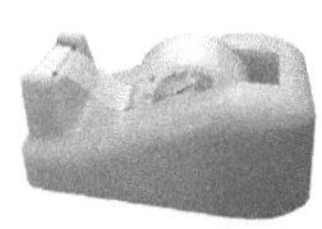

E ☐ mg (I)
☐ g (A)
☐ kg (O)

Lösungswort:

A	B	C	D	E

KOHL VERLAG WOCHENPLAN MATHEMATIK / 4. Schuljahr – Bestell-Nr. 11 400

Name: ______________________ Klasse: ______ Wochenplan Nr. _____ Abgabe am: ______________

Montag erledigt ☐ kontrolliert ☐

Drehe die Figur um jeweils drei Teilstriche (30°) weiter. Du kannst dein fertiges Bild farbig anlegen.

A

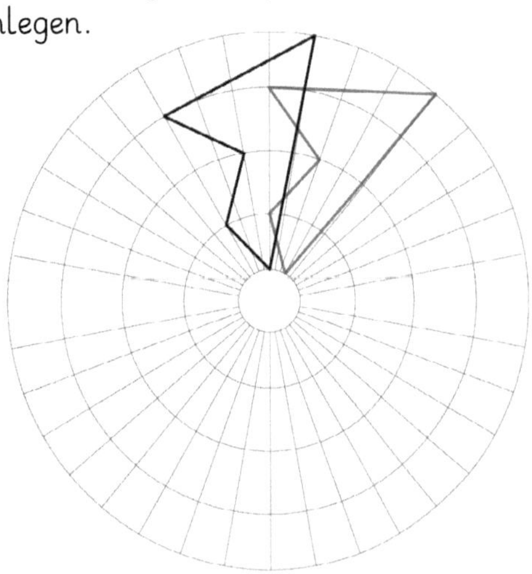

B

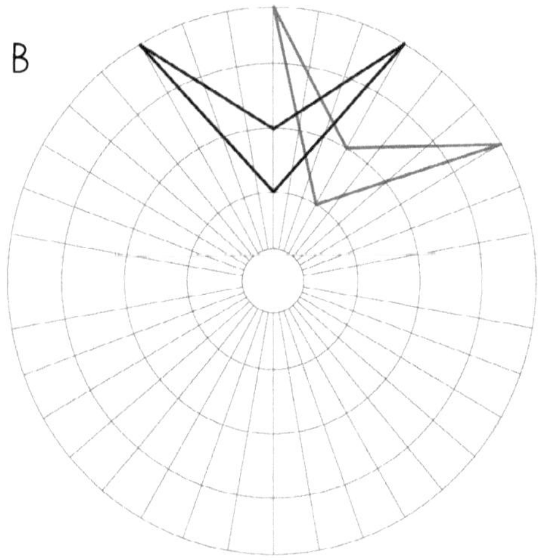

Dienstag erledigt ☐ kontrolliert ☐

Buchstaben können senkrechte und/oder waagerechte Symmetrieachsen haben. Entscheide.

A **A**
senkrecht (E)
waagerecht (T)
beides (B)

B **D**
senkrecht (A)
waagerecht (N)
beides (T)

C **M**
senkrecht (K)
waagerecht (F)
beides (P)

D **C**
senkrecht (R)
waagerecht (E)
beides (I)

E **I**
senkrecht (F)
waagerecht (T)
beides (L)

A	B	C	D	E

Mittwoch erledigt ☐ kontrolliert ☐

Setze < , > oder = richtig in die Kästchen ein.

364 + 236	600	35 Cent	0,35 €	7380 kg	7,3 t
81 mm	8 cm	88 − 13	76	519 + 280	780
8 H 7 Z 2 E	871	89 + 23	112	5,76 €	567 Cent
85 − 20	70	55 : 9	6 R 1	84 cm	0,9 m

Donnerstag erledigt ☐ kontrolliert ☐

Rechne die Meterangaben in Zentimeter um und multipliziere. Anschließend wandelst du das Ergebnis in Meter um.

A 6,74 m • 7						
			cm	•	7	
						cm
						m

B 27,18 m • 6							
				cm	•	6	
							cm
							m

C 8,17 m • 8						
			cm	•	8	
						cm
						m

Freitag erledigt ☐ kontrolliert ☐

Miss die folgenden abgebildeten Gegenstände auf den Millimeter genau ab.

A

B

C

D

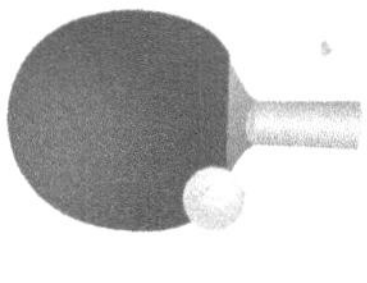

E

Name: ______________ Klasse: ______ Wochenplan Nr. ______ Abgabe am: ______________

Montag erledigt ☐ kontrolliert ☐

Spiegele das vorgegebene Muster an der senkrechten Achse und anschließend beide Muster an der waagerechten Achse. Du kannst dein Bild farbig anlegen.

A
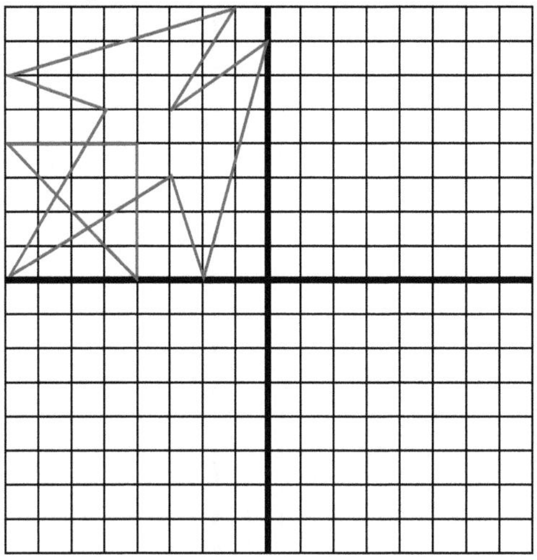

B
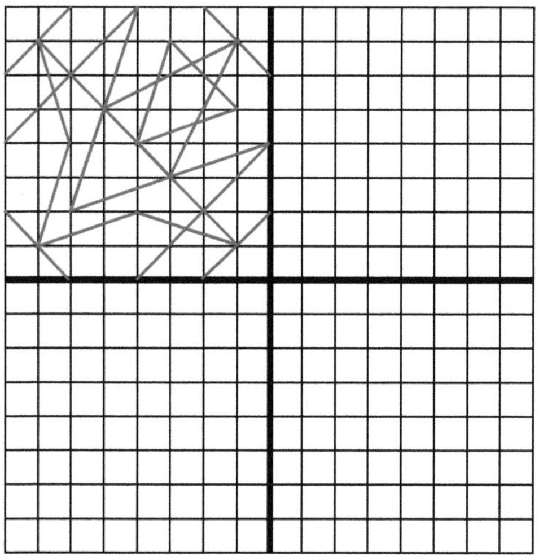

Dienstag erledigt ☐ kontrolliert ☐

Setze die Zahlen so in die Zahlenmauer ein, dass zwei Zahlen, die nebeneinander stehen, zusammengezählt immer die Zahl darüber ergeben. Löse die Aufgabe zunächst auf einem Zettel oder im Heft und übertrage dann deine Lösung in diese Zahlenmauer.

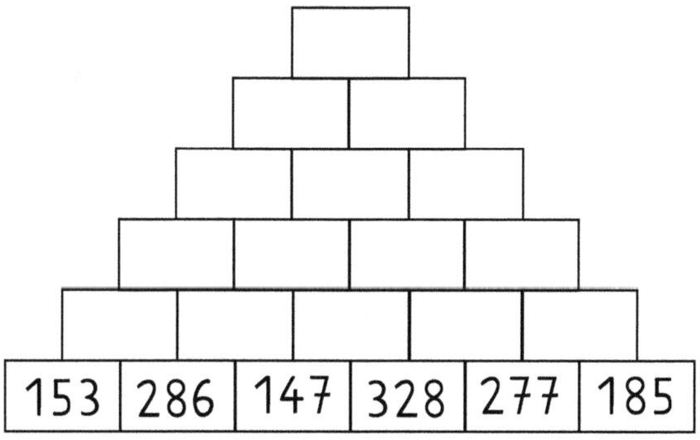

Mittwoch erledigt ☐ kontrolliert ☐

Gib jeweils den Vorgänger und Nachfolger an.

A		11219	
C		70000	
E		99189	
G		30359	

B		19900	
D		71701	
F		30780	
H		17911	

Donnerstag erledigt ☐ kontrolliert ☐

Multipliziere mit der Zahl in der Mitte und fülle die leeren Felder aus.

A
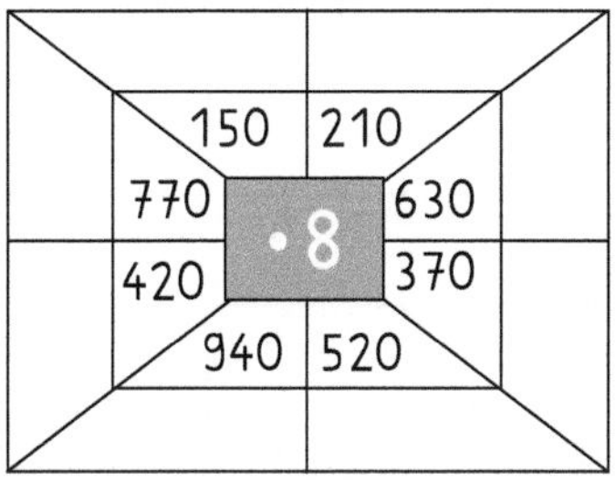

B
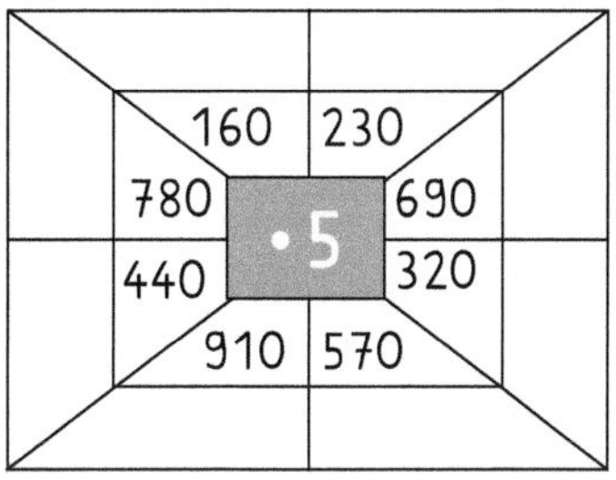

C
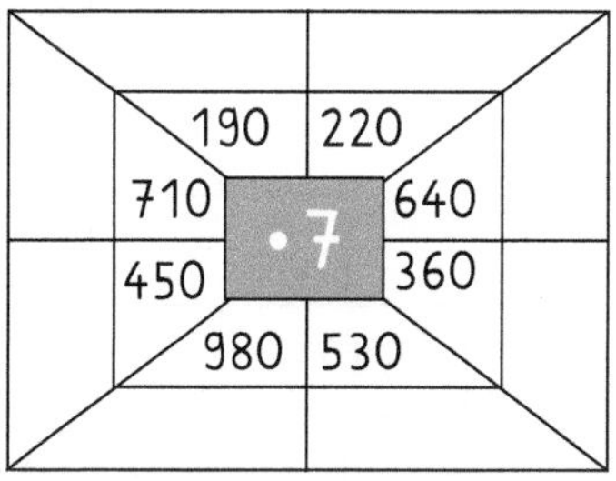

Freitag erledigt ☐ kontrolliert ☐

Dividiere und schreibe den Rest dazu.

A

:	16
62	
85	
131	
145	

B

:	14
62	
85	
131	
145	

C

:	17
62	
85	
131	
145	

D

:	13
62	
85	
131	
145	

KOHL VERLAG WOCHENPLAN MATHEMATIK / 4. Schuljahr – Bestell-Nr. 11 400

Name: ______________________ Klasse: ______ Wochenplan Nr. _____ Abgabe am: ______________

Montag erledigt □ kontrolliert □

Spiegele das vorgegebene Muster zuerst an der diagonalen Achse dann an der senkrechten und schließlich beide Muster an der waagerechten Achse. Du kannst dein Bild farbig anlegen.

A

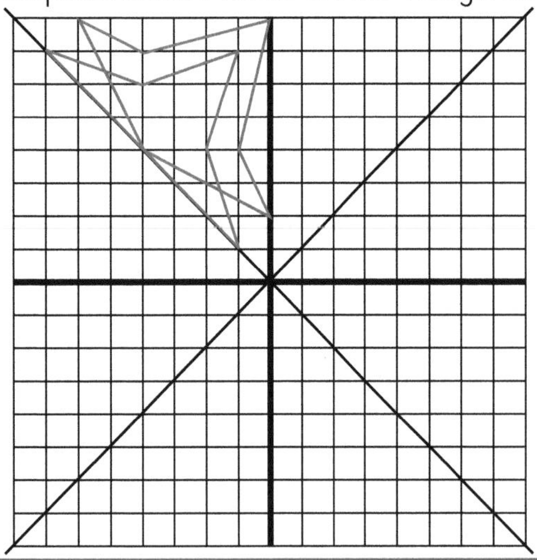

B

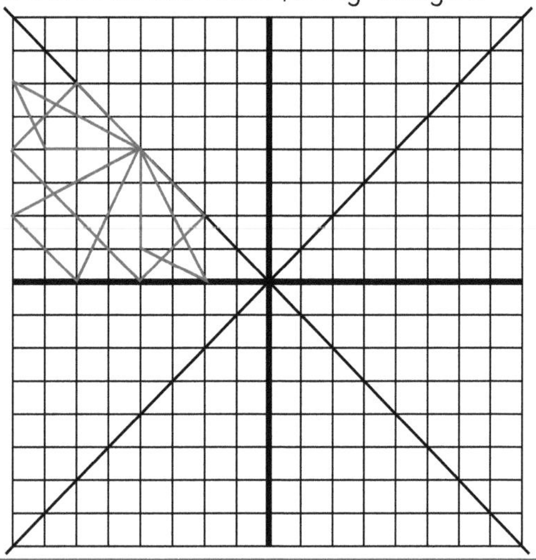

Dienstag erledigt □ kontrolliert □

Bestimme die Anzahl der Ecken der abgebildeten Körper. Die Buchstaben der richtigen Lösungen ergeben das Lösungswort.

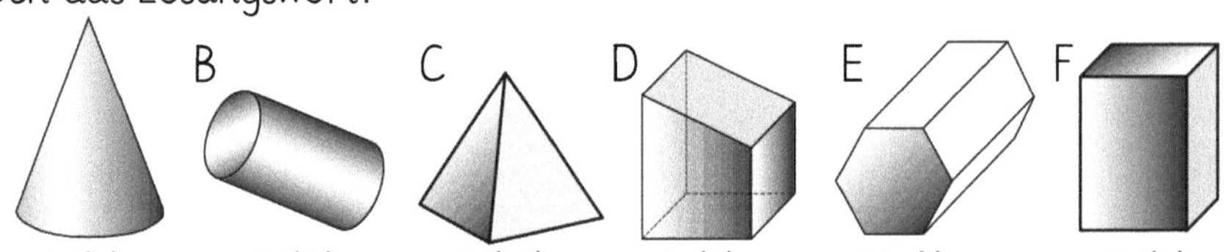

A	B	C	D	E	F
2 (L)	1 (A)	5 (M)	8 (P)	10 (I)	7 (L)
0 (B)	0 (O)	4 (N)	9 (D)	11 (M)	8 (S)
1 (P)	2 (R)	3 (D)	7 (R)	12 (Ö)	9 (A)

Lösungswort:

A	B	C	D	E	F

Mittwoch erledigt □ kontrolliert □

Rechne die Aufgaben aus und schreibe die Lösungen in die freien Felder unter den Aufgaben.

A 11 15 23 — kleinste Zahl mal größte Zahl minus mittlere Zahl

B 12 14 28 — mittlere Zahl mal größte Zahl plus kleinste Zahl

C 9 37 21 — größte Zahl mal mittlere Zahl minus kleinste Zahl

D 19 17 26 — größte Zahl mal mittlere Zahl minus kleinste Zahl

Donnerstag erledigt □ kontrolliert □

Vervollständige die Plustreppen so, dass zwei Zahlen in Feldern, die nebeneinander stehen, zusammengezählt immer die Zahl im oberen Nachbarfeld ergeben.

A

5137		4212
	2139	

B

		5192
2734	3418	

Freitag erledigt □ kontrolliert □

Welche Zahl ist mit Rest geteilt worden?

:	16
	5 R 12
	6 R 3
	9 R 5

:	14
	7 R 6
	5 R 1
	12 R 5

:	17
	6 R 11
	8 R 3
	9 R 14

:	13
	7 R 6
	9 R 8
	11 R 2

Name: ______________________ Klasse: ______ Wochenplan Nr. _____ Abgabe am: ______________

Montag erledigt ☐ kontrolliert ☐

Übertrage die Buchstaben unten in die freien Gitterfelder. Male das fertige Bild dann in deinen Lieblingsfarben aus.

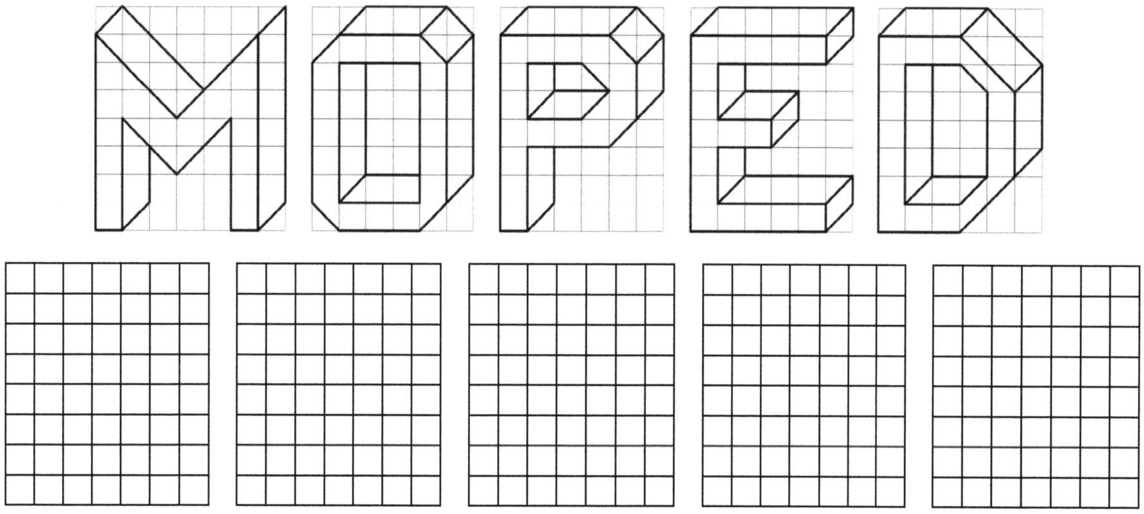

Dienstag erledigt ☐ kontrolliert ☐

Welche Figur hat den größeren Flächeninhalt? Zähle die Kästchen und kreuze die richtige Lösung an.

A
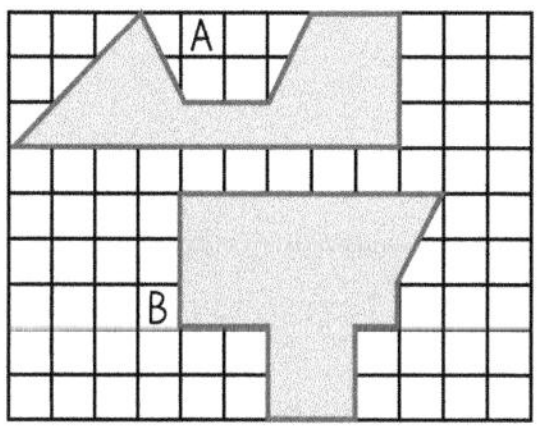

A ○
B ○

B
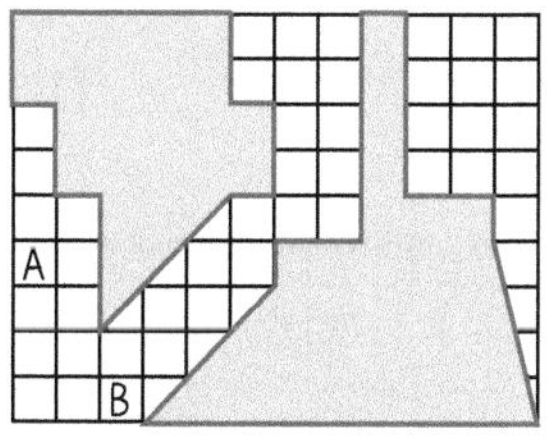

A ○
B ○

C
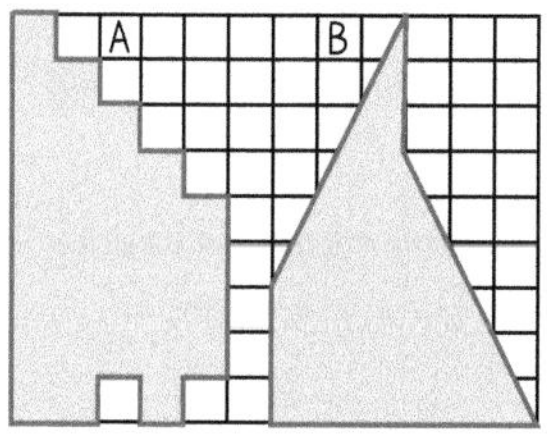

A ○
B ○

Mittwoch erledigt ☐ kontrolliert ☐

Frau Meier hat eingekauft. Was muss sie bezahlen?

A Betrag:	
1 Kopfsalat	1,15 €
6 Tomaten	1,53 €
Petersilie	0,65 €
Äpfel	2,29 €
Kartoffeln	2,98 €

B Betrag:	
Müsli	1,99 €
Leberkäse	1,69 €
Zitronen	0,99 €
Nektarinen	1,21 €
Salami	2,79 €

C Betrag:	
Kaffee	6,99 €
Leberkäse	1,69 €
Camembert	0,49 €
Zitronen	0,99 €
Joghurt	0,29 €

D Betrag:	
Camembert	0,49 €
Zitronen	0,99 €
Nektarinen	1,21 €
6 Tomaten	1,53 €
Zwiebeln	0,79 €

Donnerstag erledigt ☐ kontrolliert ☐

Trage die Zahlen, die genau in der Mitte zwischen den beiden angegebenen Zahlen stehen, in die Kästchen ein.

A 11 ☐ 23

B 122 ☐ 146

C 197 ☐ 213

D 122 ☐ 196

E 207 ☐ 259

F 83 ☐ 127

Freitag erledigt ☐ kontrolliert ☐

Subtrahiere schriftlich und finde das Lösungswort.

A

	6	4	7	0
-		9	5	7
-	1	2	4	6

4167 (G)
4257 (K)
4267 (B)

B

	9	1	5	4
-	1	8	6	4
-	1	1	7	4

6016 (E)
6216 (L)
6116 (Ü)

C

	8	6	0	7
-	1	8	4	7
-	1	1	6	5

5595 (H)
5585 (K)
5575 (L)

D

	7	5	9	8
-	2	6	7	9
-	3	1	2	9

1780 (E)
1790 (N)
1680 (I)

E

	7	4	8	3
-	2	0	1	8
-	1	4	2	5

4140 (A)
4030 (M)
4040 (E)

WOCHENPLAN MATHEMATIK / 4. Schuljahr – Bestell-Nr. 11 400
KOHL VERLAG

Name: ______________________ Klasse: ______ Wochenplan Nr. _____ Abgabe am: ______________

Montag erledigt ☐ kontrolliert ☐

Rechne die Aufgaben aus.

A 5 • 900 + 1800 =	F 7 • 800 + 700 =
B 9 • 300 + 570 =	G 9 • 800 + 500 =
C 5 • 600 + 400 =	H 5 • 350 + 150 =
D 6 • 350 + 750 =	I 6 • 700 + 300 =
E 4 • 700 + 270 =	J 4 • 250 + 100 =

Dienstag erledigt ☐ kontrolliert ☐

Kreuze die richtig gerundete Zahl an. Aus den Kennbuchstaben der richtigen Antwort ergibt sich ein Lösungswort.

A	63579	B	75004	C	84451	D	22329	E	54999
S	64000	C	70000	U	80000	S	20000	U	60000
F	63000	E	80000	E	90000	R	22000	T	55000
R	60000	I	75000	H	85000	L	30000	E	50000

Lösungswort:

A	B	C	D	E

Mittwoch erledigt ☐ kontrolliert ☐

Was erhältst du, wenn du das Netz vervollständigst: Würfel oder Quadernetz? Trage in die Kästchen ein.

A
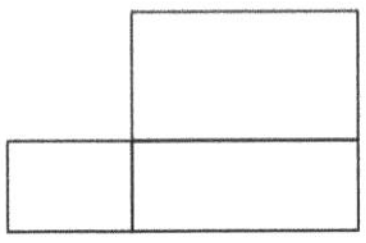
B
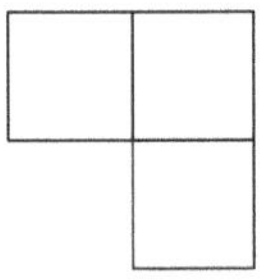
C
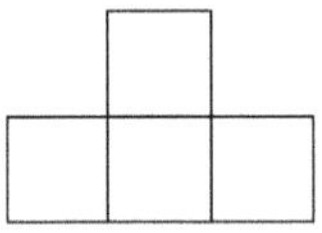
D
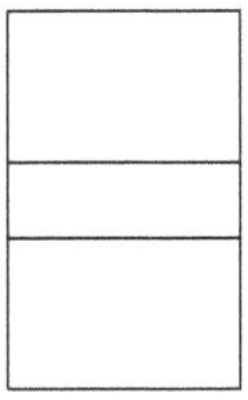
E
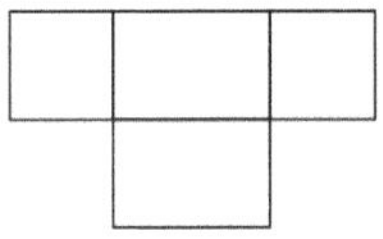

Donnerstag erledigt ☐ kontrolliert ☐

Kreuze den Körper an, den du in den Abbildungen entdeckst. Aus den Kennbuchstaben der richtigen Antworten ergibt sich ein Lösungswort.

A

E	Kegel
T	Zylinder

B

A	Kegel
G	Prisma

C

R	Zylinder
I	Kugel

D

G	Quader
A	Pyramide

E

T	Kegel
A	Prisma

A	B	C	D	E

Freitag erledigt ☐ kontrolliert ☐

Wandle in die angegebene Einheit um.

A

500 g =	m
0,2 t =	kg
55000 mg =	kg
300 mg =	g
7200 g =	kg
0,002 t =	g

B

5 t =	kg
0,2 kg =	g
70 kg =	g
0,15 t =	kg
750 mg =	g
0,003 kg =	g

C

50 kg =	t
0,2 g =	mg
45000 kg =	t
900 mg =	g
72 mg =	g
0,01 t =	kg

Name: ____________________ Klasse: _____ Wochenplan Nr. _____ Abgabe am: ____________

Montag erledigt ☐ kontrolliert ☐

Rechne die Aufgaben aus und schreibe die Lösungen unter die Aufgaben.

A

	7	5	9
+	5	7	6

B

	8	7	9
+	6	5	4

C

	7	7	5
+	5	9	8

D

	6	4	6
+	3	8	5

E

	6	4	7
+	5	6	5

F

	5	7	9
+	6	5	6

G

	4	8	6
+	6	5	7

H

	5	9	7
+	8	3	5

Dienstag erledigt ☐ kontrolliert ☐

Entscheide, ob die beiden Geraden senkrecht aufeinander stehen oder parallel verlaufen. Die Buchstaben bei den richtigen Lösungen ergeben ein Lösungswort.

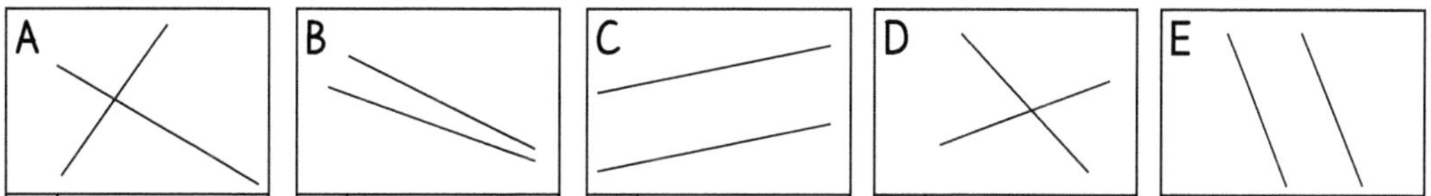

A		B		C		D		E	
K	parallel	K	parallel	P	parallel	K	parallel	T	parallel
G	senkrecht	G	senkrecht	G	senkrecht	G	senkrecht	G	senkrecht
P	weder noch	A	weder noch	P	weder noch	S	weder noch	P	weder noch

Lösungswort:

A	B	C	D	E

Mittwoch erledigt ☐ kontrolliert ☐

Trage den Namen der Körper in die Felder ein.

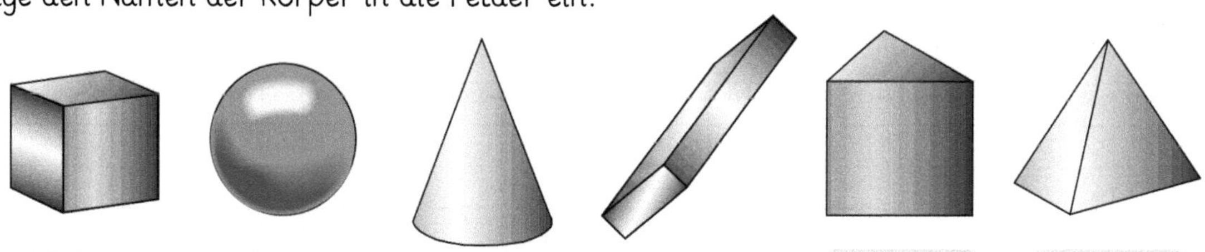

Donnerstag erledigt ☐ kontrolliert ☐

Ermittle, welche Zahl im letzten Feld steht.

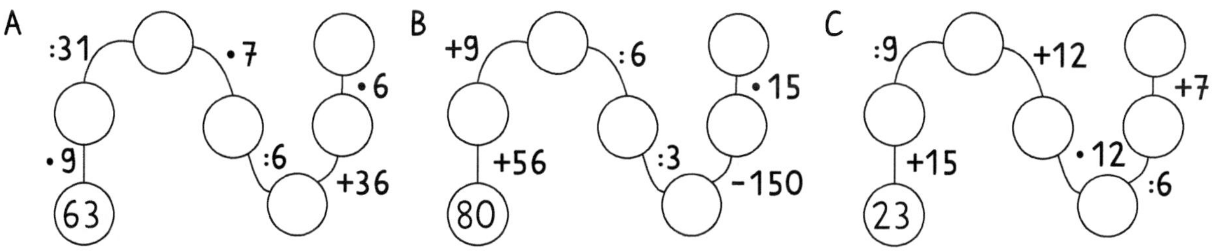

Freitag erledigt ☐ kontrolliert ☐

Ergänze die Rechendreiecke, indem du zwei benachbarte Zahlen im Dreieck addierst.

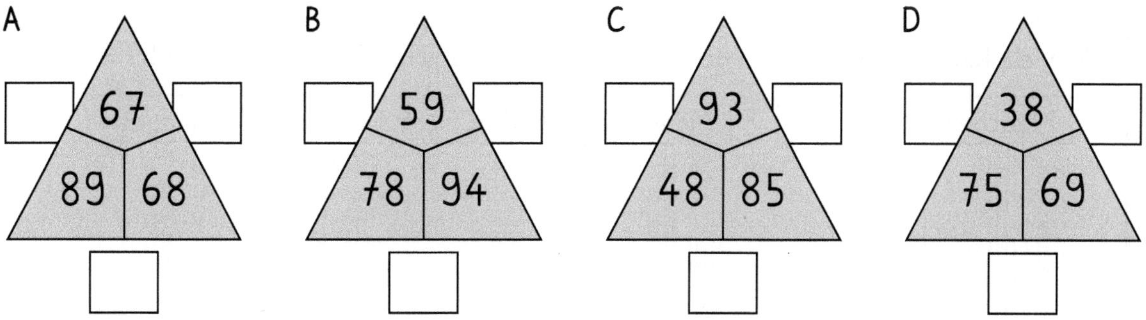

Name: ______________ Klasse: ______ Wochenplan Nr. _____ Abgabe am: ______________

Montag erledigt ☐ kontrolliert ☐

Berechne.

A Ein Bus startet um 9:12 Uhr und fährt bis 15:27 Uhr. Wie lange war er unterwegs?

B Uwe fährt 2 h und 25 min mit dem Zug. Abfahrt war um 12:47 Uhr. Wann kommt er an?

C Wie viel Zeit ist vergangen an diesem Vormittag?

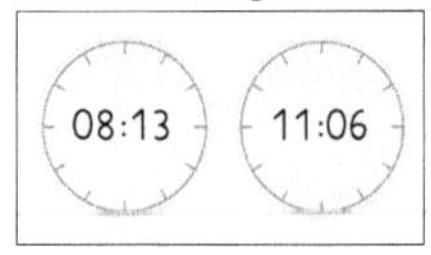

Dienstag erledigt ☐ kontrolliert ☐

Rechne die Aufgaben aus und schreibe die Lösungen in die freien Felder.

A	8300 - 4780 =	
B	5860 - 3970 =	
C	7070 - 4890 =	
D	6550 - 4170 =	
E	4830 - 2020 =	
F	9800 - 6720 =	
G	7250 - 4620 =	
H	9590 - 5310 =	
I	5050 - 2450 =	
J	7830 - 1950 =	
K	5740 - 2720 =	
L	5650 - 1360 =	

Mittwoch erledigt ☐ kontrolliert ☐

Zeichne das Muster weiter. Du kannst dein Bild farbig ausmalen.

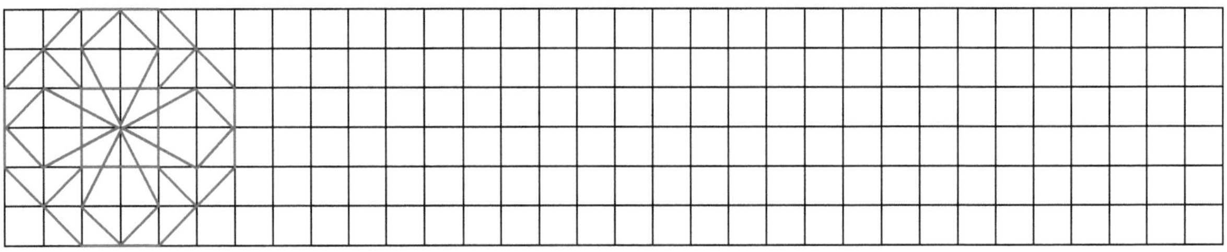

Donnerstag erledigt ☐ kontrolliert ☐

Rechne mit Geld.

Adam kauft:

70 Cent

Er bezahlt mit:

Rückgeld? ☐

Kai kauft:

17,35 €

Er bezahlt mit:

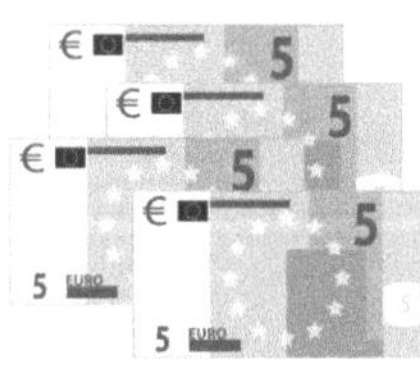

Rückgeld? ☐

Heide kauft:

2,73 €

Sie bezahlt mit:

Rückgeld? ☐

Freitag erledigt ☐ kontrolliert ☐

Wie viele Kinder sind jeweils in den Klassenstufen? Trage die Anzahl in die Felder ein.

A

Mädchen	Jungen

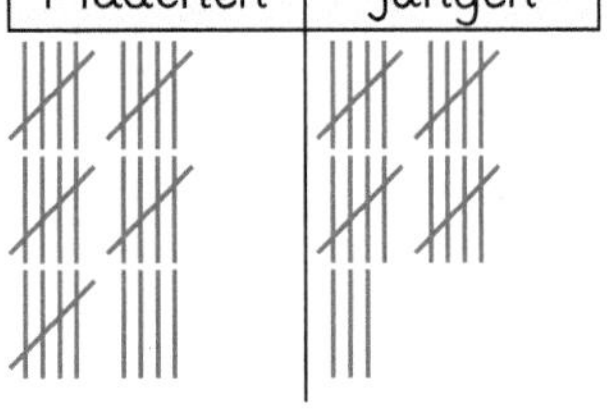

☐

B

Mädchen	Jungen

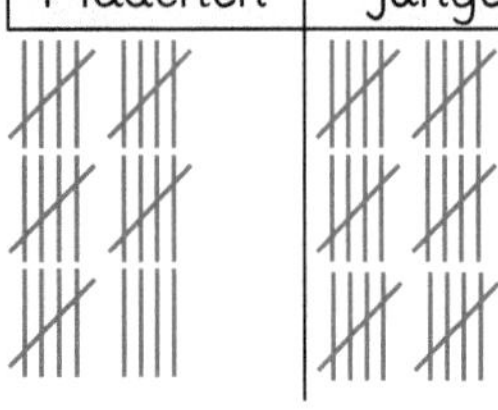

☐

C

Mädchen	Jungen

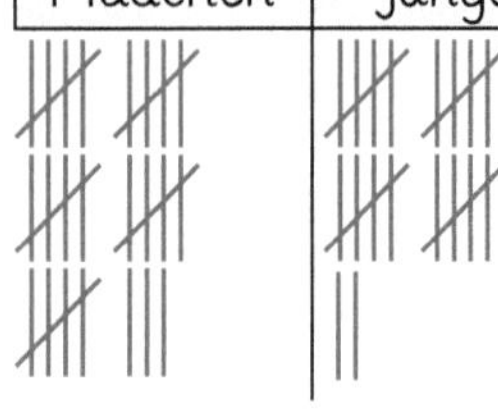

☐

Name: ____________ Klasse: ______ Wochenplan Nr. _____ Abgabe am: ____________

Montag erledigt ☐ kontrolliert ☐

Miss die angegebenen Streckenzüge aus.

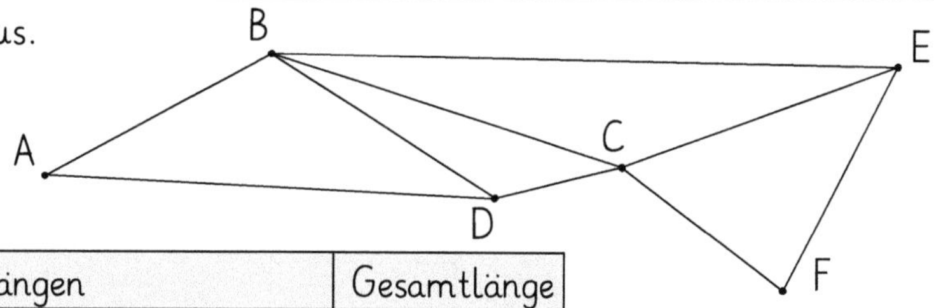

Streckenzug		Einzellängen		Gesamtlänge
ABDC	AB	BD	DC	cm
BEFC	BE	EF	FC	cm
FECB	FE	EC	CB	cm

Dienstag erledigt ☐ kontrolliert ☐

Fülle die Kästchen mit den richtigen Zahlen.

A: ☐ •2 → ☐ +60 → ☐ :4 → ☐ •8 → 720

B: ☐ •3 → ☐ −20 → ☐ :11 → ☐ •5 → 100

C: ☐ •4 → ☐ +90 → ☐ :13 → ☐ •7 → 210

D: ☐ :9 → ☐ −2 → ☐ :12 → ☐ •15 → 60

E: ☐ •3 → ☐ +6 → ☐ :4 → ☐ •3 → 180

Mittwoch erledigt ☐ kontrolliert ☐

Subtrahiere jeweils von der größeren die kleinere Zahl.

A

92318	47549	31284	22365

B

99712	52135	22177	7125

Donnerstag erledigt ☐ kontrolliert ☐

Rechne jede Aufgabe im Kopf. Verbinde die Aufgabe mit der zugehörigen Lösungszahl. Aus den Kennbuchstaben der richtigen Antworten ergibt sich ein Lösungswort.

A 3124 − 837 =

2287	FO
2187	SY
2177	PR

B 4317 − 689 =

3428	HE
3528	OV
3628	RS

C 2351 − 794 =

1457	MO
1557	CH
1657	RE

D 3241 − 587 =

2654	ER
2754	WE
2764	RE

Lösungswort:

A	B	C	D

Freitag erledigt ☐ kontrolliert ☐

Zerlege die Zahlen und trage deine Ergebnisse in die Kästchen ein.

A 9000	B 36000	C 16200	D 9600
2 •	3 •	6 •	5 •
5 •	4 •	9 •	6 •
15 •	12 •	15 •	8 •
30 •	50 •	20 •	20 •

Name: ____________ Klasse: ______ Wochenplan Nr. _____ Abgabe am: ____________

Montag erledigt ☐ kontrolliert ☐

Rechne die Aufgaben aus und verbinde die Aufgaben mit den zugehörigen Lösungen.

A $6 \cdot 750 + 190 =$ ______

B $9 \cdot 260 + 570 =$ ______

C $5 \cdot 460 + 400 =$ ______

D $6 \cdot 750 + 150 =$ ______

E $4 \cdot 830 + 280 =$ ______

F $7 \cdot 850 + 470 =$ ______

G $9 \cdot 320 + 540 =$ ______

H $5 \cdot 390 + 190 =$ ______

I $6 \cdot 760 + 340 =$ ______

J $4 \cdot 550 + 490 =$ ______

Dienstag erledigt ☐ kontrolliert ☐

Färbe den angegebenen Teil der Abbildungen ein.

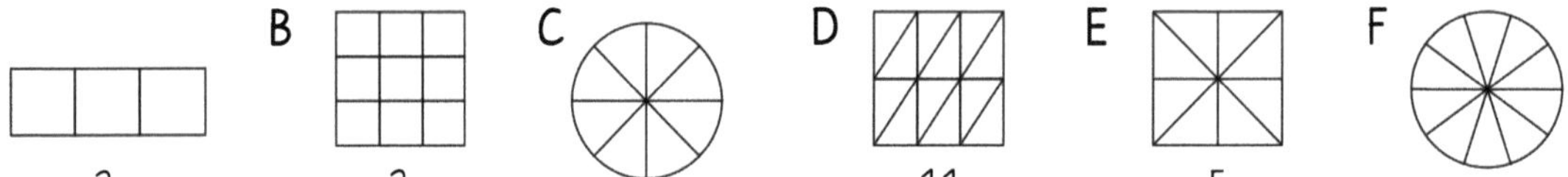

A $\frac{2}{3}$ B $\frac{2}{9}$ C $\frac{1}{8}$ D $\frac{11}{12}$ E $\frac{5}{8}$ F $\frac{1}{10}$

Mittwoch erledigt ☐ kontrolliert ☐

Zeichne das Muster weiter. Du kannst dein Bild farbig ausmalen.

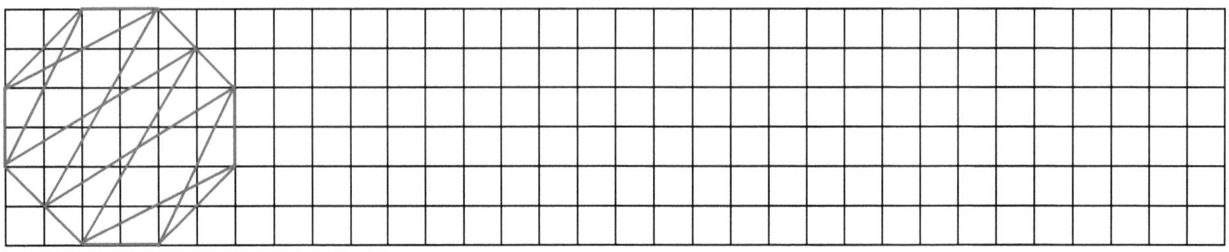

Donnerstag erledigt ☐ kontrolliert ☐

Ergänze die Tabelle.

A		B		C		D		E		F	
Wochen	Tage	Jahre	Monate	h	min	min	s	Tage	h	h	s
7		4		3		4		3		0,5	
	91		120		1920		360		288		3600
12		7		7		14		14		0,25	
	105		60		900		960		744		5400

Freitag erledigt ☐ kontrolliert ☐

Den Flächeninhalt einer ebenen Figur bestimmst du, indem du die Anzahl der quadratischen Kästchen zählst, die von der grauen Fläche bedeckt werden. Ein Kästchen hat einen Flächeninhalt von 1 cm^2 (sprich: ein Quadratzentimeter).

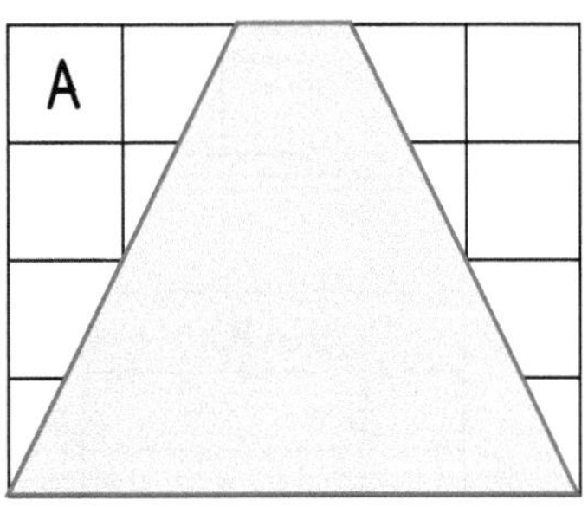

Flächeninhalt: cm^2

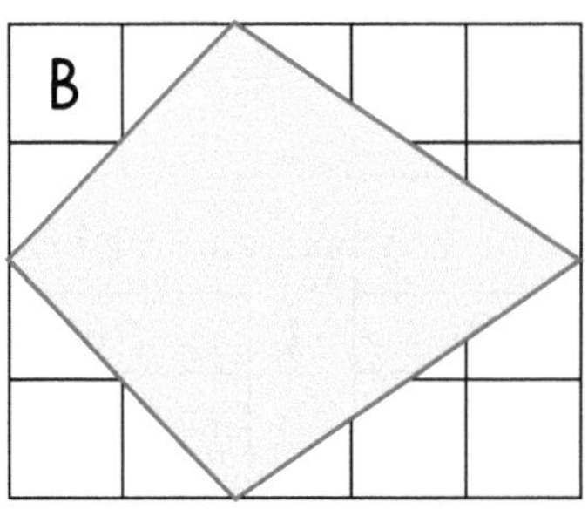

Flächeninhalt: cm^2

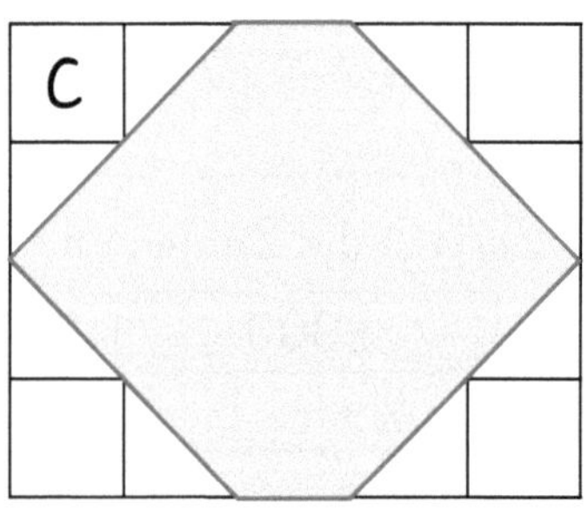

Flächeninhalt: cm^2

Name: ______________________ Klasse: ______ Wochenplan Nr. _____ Abgabe am: ______________

Montag erledigt ☐ kontrolliert ☐

Ermittle, welche Zahl im letzten Feld steht.

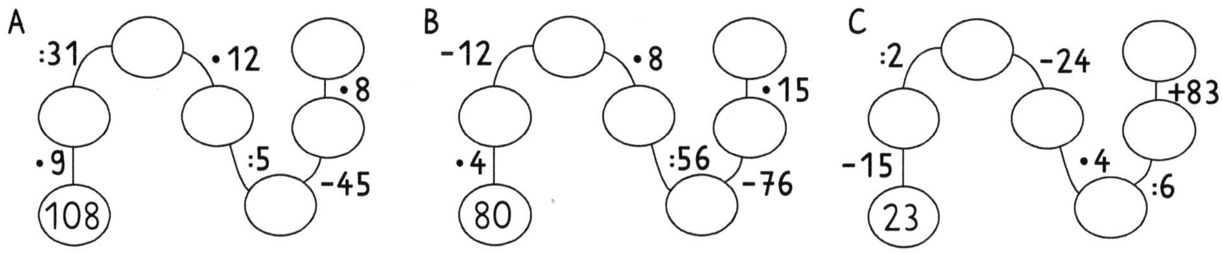

Dienstag erledigt ☐ kontrolliert ☐

Wie sieht das Würfelgebäude aus der angegebenen Sicht aus? Schwärze entsprechende Felder.

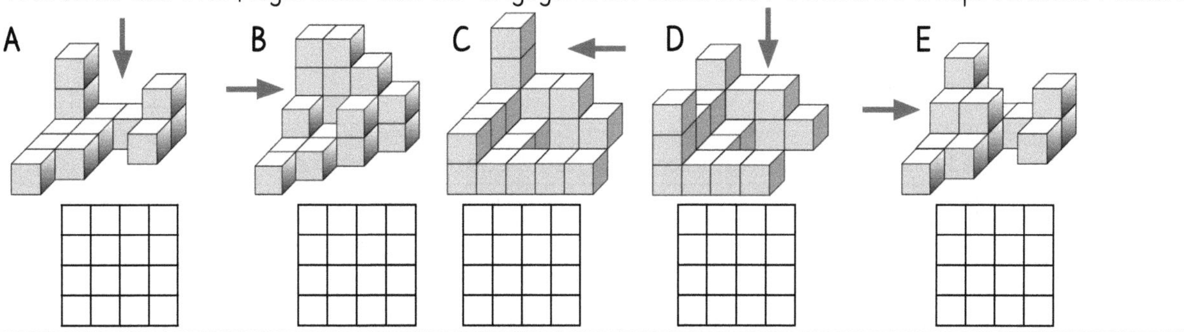

Mittwoch erledigt ☐ kontrolliert ☐

Zeichne eine weitere Fläche ein, die den gleichen Flächeninhalt hat.

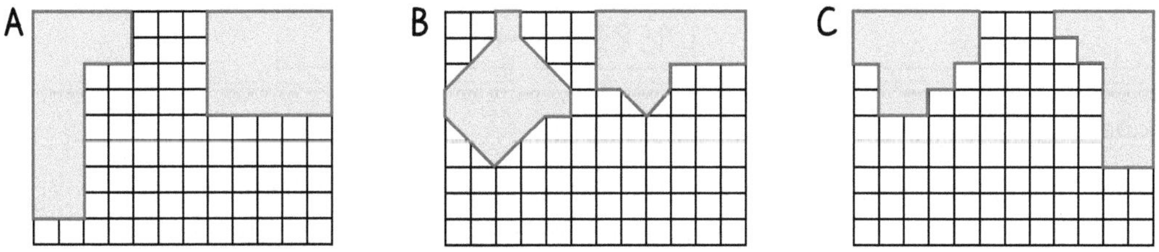

Donnerstag erledigt ☐ kontrolliert ☐

Miss die angegebenen Streckenzüge aus.

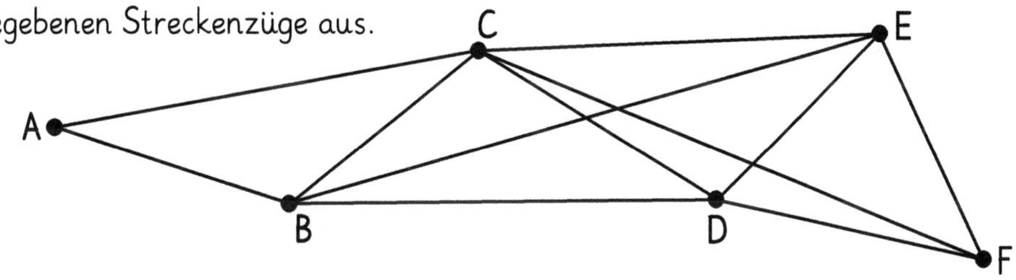

Streckenzug		Einzellängen		Gesamtlänge
ABDE	AB	BD	DE	cm
BCEF	BC	CE	EF	cm
ACDB	AC	CD	DB	cm

Freitag erledigt ☐ kontrolliert ☐

Rechne die Gewichtsangaben in die nächstkleineren Einheiten um und multipliziere. Anschließend wandelst du das Ergebnis wieder in die größere Einheit um.

A 6,75 kg • 9							
6	7	5	0	g	•	9	
							g
							g

B 3,256 t • 7							
3	2	5	6	kg	•	7	
							kg
							t

C 8,25 g • 5							
8	2	5	0	mg	•	5	
							mg
							g

KOHL VERLAG Lernen mit Erfolg WOCHENPLAN MATHEMATIK / 4. Schuljahr – Bestell-Nr. 11 400

Name: ____________ Klasse: ______ Wochenplan Nr. _____ Abgabe am: ____________

Montag
erledigt ☐ kontrolliert ☐

Rechne jede Aufgabe im Kopf. Verbinde die Aufgabe mit der zugehörigen Lösungszahl. Aus den Kennbuchstaben der richtigen Antworten ergibt sich ein Lösungswort.

A 63124 - 8837 =

54387	KR
54487	ZE
54287	SO

B 43253 - 5764 =

37489	MB
36489	OK
37389	HR

C 57401 - 9196 =

48205	RE
48305	GE
47305	ET

D 81117 - 4289 =

75828	TE
76828	RO
77828	LD

Lösungswort:

A	B	C	D

Dienstag
erledigt ☐ kontrolliert ☐

Verdopple jede Zahl im Kopf und schreibe deine Lösung in das freie Feld neben der Aufgabe.

A

4312	→	
1599	→	
2976	→	
2669	→	
3827	→	

B

2278	→	
4339	→	
3472	→	
2199	→	
1583	→	

Mittwoch
erledigt ☐ kontrolliert ☐

Sachaufgaben

A Petra wechselt einen 20 €-Schein in 50-Centstücke. Wie viele erhält sie?

B Eine Postkarte kostet 55 ct. Wie viele Postkarten bekommt man für 6,60 €?

C Ilkas Vater kauft 2,5 kg Kartoffeln, 250 g Gehacktes und ein 1,5 kg schweres Brot. Wie schwer ist der Einkaufskorb?

Donnerstag
erledigt ☐ kontrolliert ☐

Multipliziere mit der Zahl in der Mitte und fülle die leeren Felder aus.

A • 30: 150, 210, 560, 370, 320, 640, 630, 290

B • 60: 160, 270, 390, 120, 360, 210, 440, 230

C • 70: 190, 220, 500, 110, 250, 170, 320, 150

Freitag
erledigt ☐ kontrolliert ☐

Addiere die verschiedenen Maßeinheiten.

A 6,55 m + 245 cm = ______
- ☐ 9 m (K)
- ☐ 90 m (B)
- ☐ 900 m (L)

B 1,5 m + 20 cm + 2 dm = ______
- ☐ 18 dm (R)
- ☐ 2 m (Ü)
- ☐ 190 cm (A)

C 4 m 33 cm + 2 m 27 cm = ______
- ☐ 66 cm (Ü)
- ☐ 6,6 m (N)
- ☐ 65 dm (B)

C 0,63 m + 58 cm + 3 dm = ______
- ☐ 2 m (E)
- ☐ 1,51 m (T)
- ☐ 150 cm (G)

Name: ____________ Klasse: ____ Wochenplan Nr. ____ Abgabe am: ____________

Montag erledigt ☐ kontrolliert ☐

Rechne jede Aufgabe im Kopf. Verbinde die Aufgabe mit der zugehörigen Lösungszahl. Aus den Kennbuchstaben der richtigen Antworten ergibt sich ein Lösungswort.

A 63124 + 8837 =

71861	KR
71961	ME
72961	SO

B 43253 + 5764 =

49017	DA
49117	OK
48017	HR

C 57401 + 9196 =

65597	RE
66497	GE
66597	IL

D 81117 + 4289 =

85306	TE
84406	RO
85406	LE

Lösungswort:

A	B	C	D

Dienstag erledigt ☐ kontrolliert ☐

Halbiere jede Zahl im Kopf und schreibe deine Lösung in das freie Feld neben der Aufgabe.

A

8624	→	
3196	→	
5952	→	
5324	→	
7652	→	

B

4556	→	
8672	→	
6944	→	
4384	→	
3168	→	

Mittwoch erledigt ☐ kontrolliert ☐

Rechne jede Aufgabe im Kopf. Verbinde die Aufgabe mit der zugehörigen Lösungszahl. Aus den Kennbuchstaben der richtigen Antworten ergibt sich ein Lösungswort.

A $\frac{1}{4}$ von 5 km =

1400 m	K
1500 m	H
1250 m	T

B $\frac{1}{2}$ von 3 dm =

15 cm	A
10 cm	Ö
18 cm	T

C $\frac{1}{5}$ von 0,6 t =

150 kg	P
120 kg	C
125 kg	L

D $\frac{1}{8}$ von 4 kg =

400 g	L
250 g	N
500 g	K

E $\frac{1}{3}$ von 1,2 t =

400 kg	E
380 kg	I
350 kg	L

F $\frac{1}{10}$ von 3 kg =

30 g	L
300 g	R
150 g	M

A	B	C	D	E	F

Donnerstag erledigt ☐ kontrolliert ☐

Wie sieht das Würfelgebäude aus der angegebenen Sicht aus? Schwärze entsprechende Felder.

A
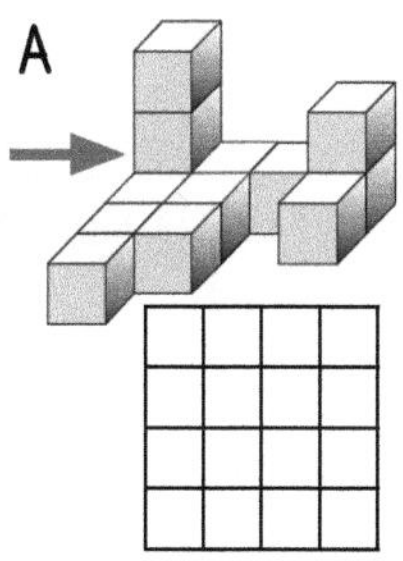

B
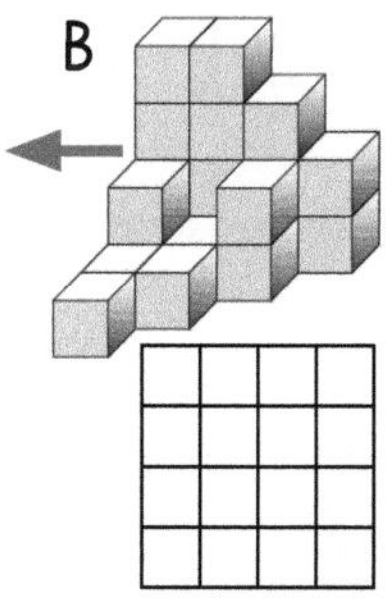

C
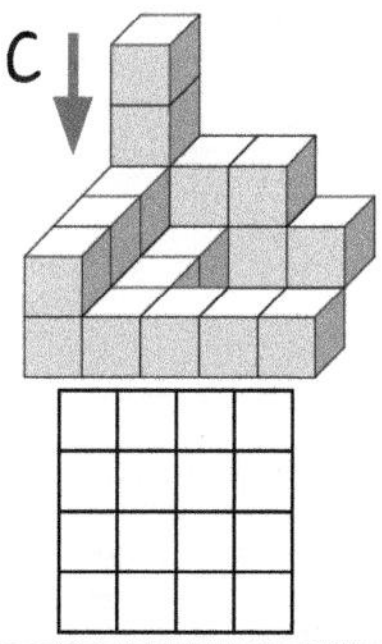

D
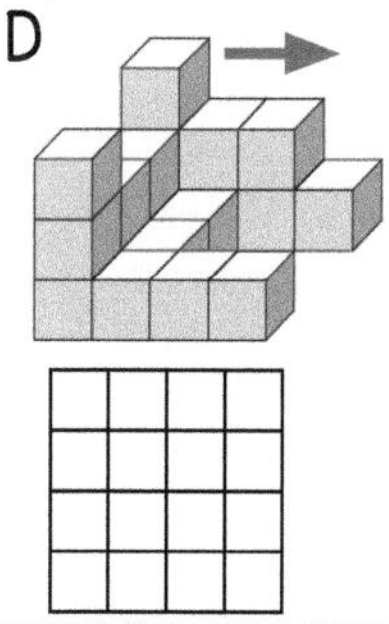

E
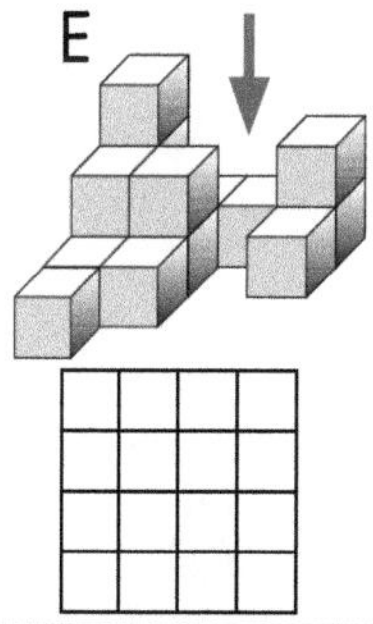

Freitag erledigt ☐ kontrolliert ☐

Löse alle Aufgaben im Kopf und schreibe die Lösungen in die freien Felder.

A
1480 + ☐ = 6000
3725 + ☐ = 6000

B
4399 + ☐ = 7000
2921 + ☐ = 7000

C
2354 + ☐ = 8000
3860 + ☐ = 8000

WOCHENPLAN MATHEMATIK / 4. Schuljahr – Bestell-Nr. 11 400
KOHL VERLAG

Name: ______________________ Klasse: _____ Wochenplan Nr. _____ Abgabe am: ______________

Montag erledigt ☐ kontrolliert ☐

Multipliziere und fülle die leeren Felder aus.

A
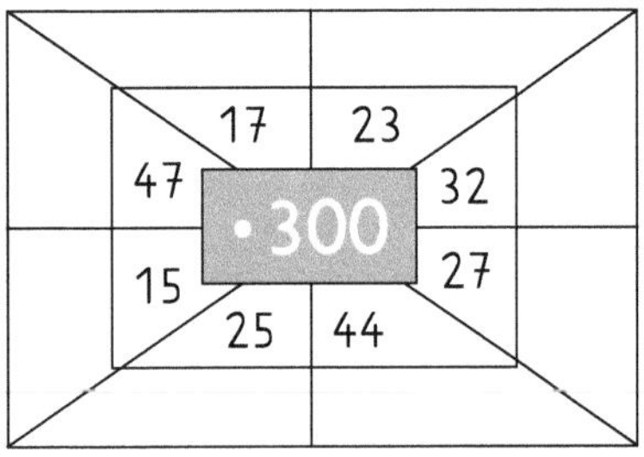

B
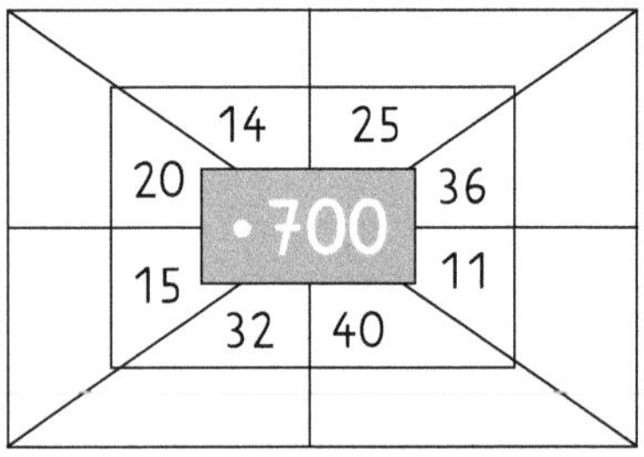

C
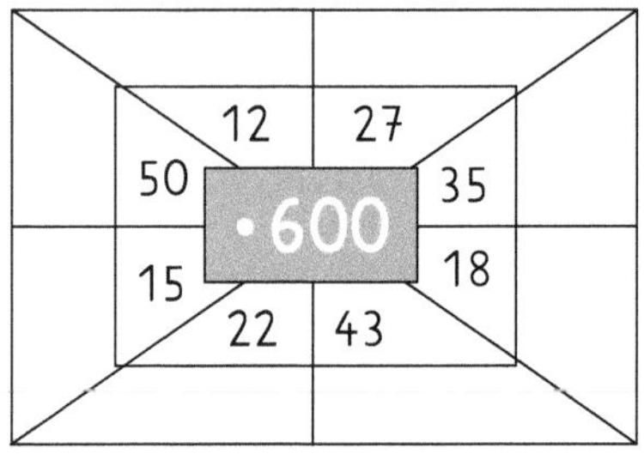

Dienstag erledigt ☐ kontrolliert ☐

Spiegele das vorgegebene Muster an der senkrechten Achse und anschließend beide Muster an der waagerechten Achse. Du kannst dein Bild farbig anlegen.

A
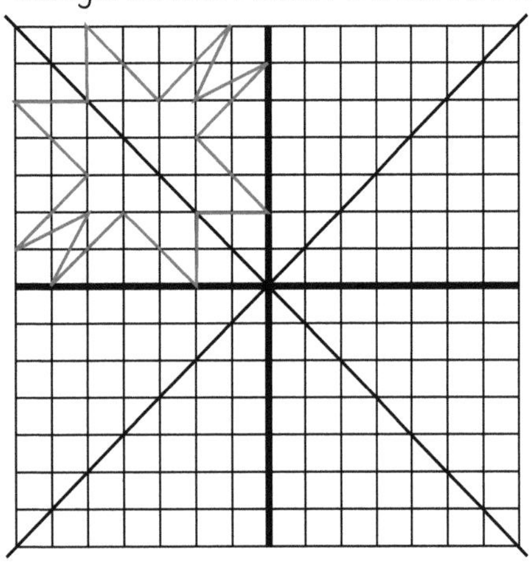

B
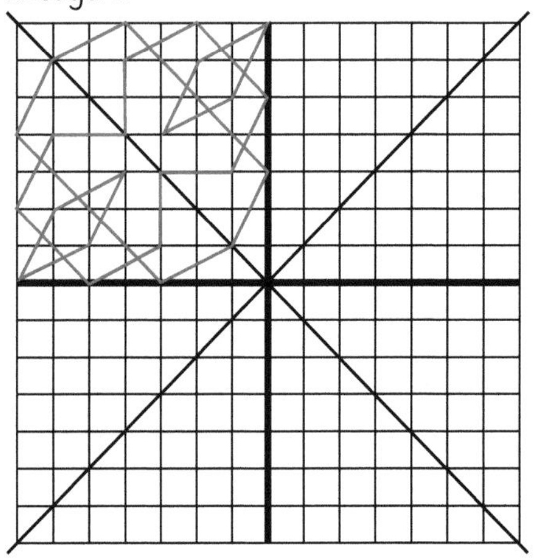

Mittwoch erledigt ☐ kontrolliert ☐

Sind diese Verkehrszeichen alle achsensymmetrisch? Die Buchstaben der richtigen Lösungen ergeben das Lösungswort.

A
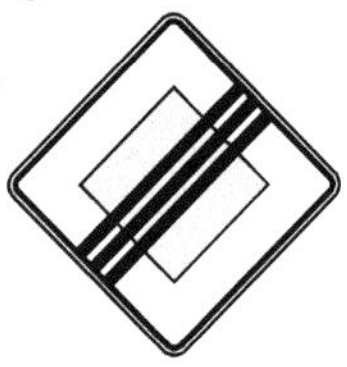
☐ ja (S)
☐ nein (H)

B

☐ ja (U)
☐ nein (A)

C

☐ ja (H)
☐ nein (L)

D

☐ ja (Z)
☐ nein (N)

Lösungswort:

A	B	C	D

Donnerstag erledigt ☐ kontrolliert ☐

Dividiere die Zahlen. Aus den Kennbuchstaben der richtigen Lösungen ergibt sich ein Lösungswort.

A

234 : 6	
B	34
M	39
E	38

B

441 : 7	
R	61
E	62
A	63

C

172 : 4	
J	43
O	44
L	45

D

376 : 8	
O	47
S	48
L	49

E

126 : 3	
I	43
K	41
R	42

F

221 : 13	
G	15
A	16
O	17

G

207 : 9	
A	22
N	23
Z	24

Lösungswort:

A	B	C	D	E	F	G

Freitag erledigt ☐ kontrolliert ☐

Ergänze die Rechendreiecke, indem du zwei benachbarte Zahlen im Dreieck addierst.

A
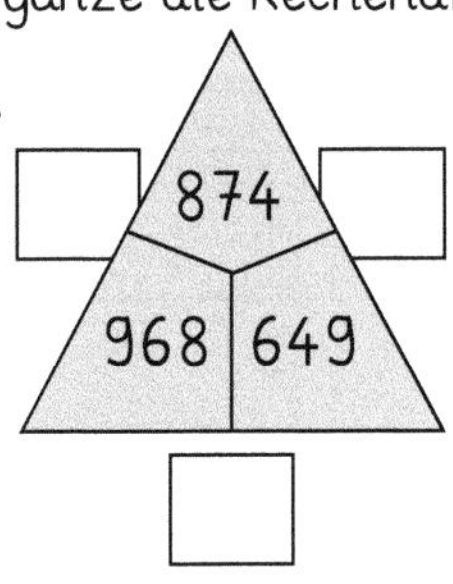

B
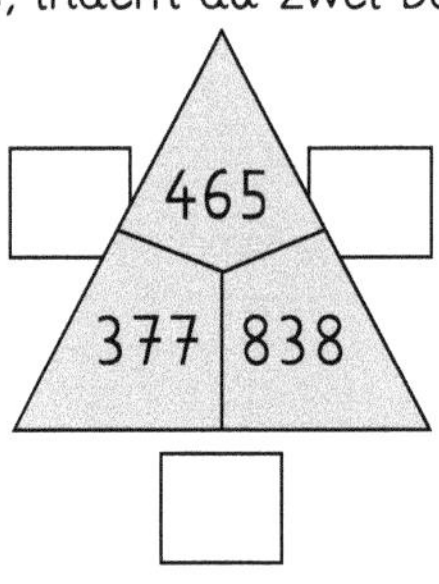

C
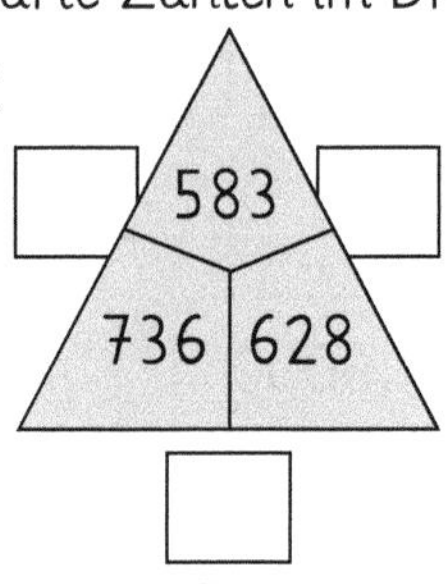

Name: ____________________ Klasse: ______ Wochenplan Nr. _____ Abgabe am: ______________

Montag erledigt ☐ kontrolliert ☐

Sachaufgaben

A Ein LKW wiegt mit Ladung 9,6 t. Leer wiegt er nur 2970 kg. Wie schwer ist die Ladung?

B Die Seitenlänge eines Quadrates beträgt 2,8 m. Wie groß ist der Umfang dieses Quadrates?

C Ich denke mir eine Zahl. Wenn ich zu meiner Zahl 132 addiere, erhalte ich 306. Wie heißt meine Zahl?

Dienstag erledigt ☐ kontrolliert ☐

Löse alle Aufgaben im Kopf und schreibe die Lösungen in die freien Felder.

A	B	C
2156 + ☐ = 5500	5470 + ☐ = 7200	5260 + ☐ = 9400
3725 + ☐ = 5500	2108 + ☐ = 7200	3982 + ☐ = 9400
2027 + ☐ = 5500	3506 + ☐ = 7200	5346 + ☐ = 9400
4293 + ☐ = 5500	4896 + ☐ = 7200	2415 + ☐ = 9400

Mittwoch erledigt ☐ kontrolliert ☐

Verdopple jede Zahl im Kopf und schreibe deine Lösung in das freie Feld neben der Aufgabe.

A

4114	→	
2565	→	
3976	→	
4635	→	
3818	→	

B

1276	→	
3359	→	
2461	→	
2155	→	
4523	→	

Donnerstag erledigt ☐ kontrolliert ☐

Du startest mit dem angegebenen Betrag. Das Geld im ersten Kasten bekommst du dazu, das Geld im zweiten Kasten bezahlst du dann. Kreuze an, wie viel Geld du noch hast, wenn du die in den Kästen gezeichneten Beträge berechnet hast. Die Buchstaben hinter den richtigen Lösungen ergeben das Lösungswort.

A € 21,75	B € 93,47	C € 86,40	D € 62,93
€ 8,47 / € 4,55	€ 15,20 / € 9,63	€ 23,70 / € 15,46	€ 9,46 / € 25,80
€ 23,67 (R)	€ 98,04 (W)	€ 94,64 (N)	€ 44,59 (T)
€ 24,67 (L)	€ 99,04 (A)	€ 95,64 (S)	€ 45,59 (S)
€ 25,67 (H)	€ 99,14 (U)	€ 96,64 (F)	€ 46,59 (D)

Lösungswort:

A	B	C	D

Freitag erledigt ☐ kontrolliert ☐

Setze <, > oder = richtig in die Kästchen ein.

895 + 236 ☐ 1230	81 kg ☐ 8010 g	2 H 9 Z 1 E ☐ 292
887 − 213 ☐ 674	789 + 523 ☐ 1129	55 : 9 ☐ 6 R 1
5,06 € ☐ 560 Cent	84 dm ☐ 0,112 m	6 t ☐ 5999 kg
80 l ☐ 8000 ml	230 mg ☐ 23 g	96 : 7 ☐ 14 R 6
785 − 320 ☐ 455	7380 mg ☐ 7,4 g	8750 m ☐ 8,8 km
5008 g ☐ 5,08 kg	87 Cent ☐ 0,87 €	519 + 280 ☐ 780

Name: ______________ Klasse: ______ Wochenplan Nr. _____ Abgabe am: ______________

Montag erledigt ☐ kontrolliert ☐

Addiere schriftlich. Aus den Kennbuchstaben der richtigen Lösungen ergibt sich ein Lösungswort.

A
6549
+ 8173
+ 3622

17344 (S) 18344 (R) 19344 (T)

B
1386
+ 4791
+ 2098

8275 (A) 9175 (P) 8375 (C)

C
897
+ 7415
+ 4501

11813 (I) 12713 (H) 12813 (D)

D
6432
+ 7607
+ 4495

17534 (L) 18434 (E) 18534 (A)

E
1179
+ 6638
+ 7763

15580 (R) 16850 (L) 15570 (S)

Lösungswort:

A	B	C	D	E

Dienstag erledigt ☐ kontrolliert ☐

Subtrahiere schriftlich. Aus den Kennbuchstaben der richtigen Lösungen ergibt sich ein Lösungswort.

A
6230
- 953
- 1754

☐3523 (S)
☐3623 (K)
☐3723 (O)

B
7887
- 2697
- 1632

☐3558 (E)
☐3658 (K)
☐3668 (O)

C
9186
- 1068
- 3695

☐4323 (A)
☐4423 (I)
☐4523 (L)

D
9519
- 1943
- 3692

☐3874 (E)
☐3984 (K)
☐3884 (D)

E
7639
- 3140
- 1756

☐2733 (A)
☐2843 (M)
☐2743 (E)

Lösungswort:

A	B	C	D	E

Mittwoch erledigt ☐ kontrolliert ☐

Trage die Zahlen, die genau in der Mitte zwischen den beiden angegebenen Zahlen stehen, in die grauen Kästchen ein.

A 1482 ☐ 1534

B 1732 ☐ 1796

C 1211 ☐ 1253

D 1120 ☐ 1184

Donnerstag erledigt ☐ kontrolliert ☐

Zeichne die Körper nach.

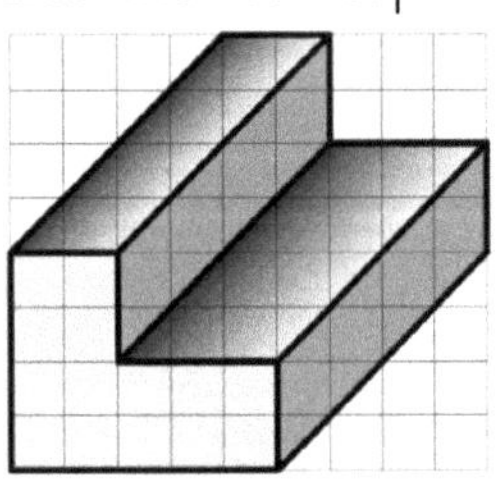

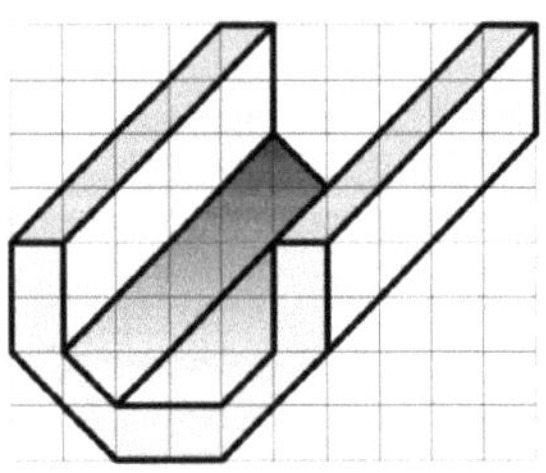

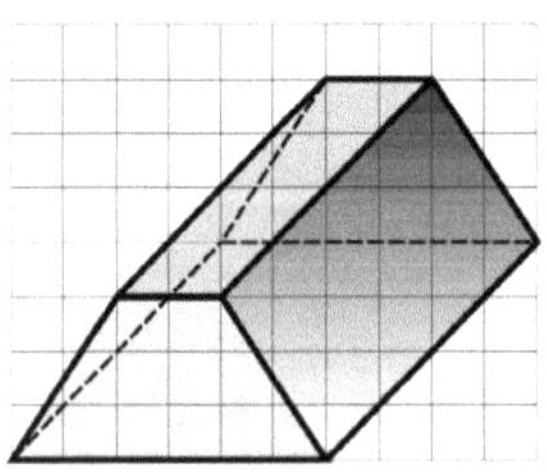

Freitag erledigt ☐ kontrolliert ☐

Wandle in die angegebene Einheit um.

A

1,06 km =	m
5500 dm =	km
900 mm =	cm

B

7,2 m =	dm
80 m =	km
0,8 dm =	mm

C

45,2 m =	dm
3,08 dm =	mm
0,008 km =	dm

Name: ______________ Klasse: ______ Wochenplan Nr. ____ Abgabe am: ______________

Montag
erledigt ☐ kontrolliert ☐

Bestimme die Anzahl der Kanten der abgebildeten Körper. Die Buchstaben der richtigen Lösungen ergeben das Lösungswort.

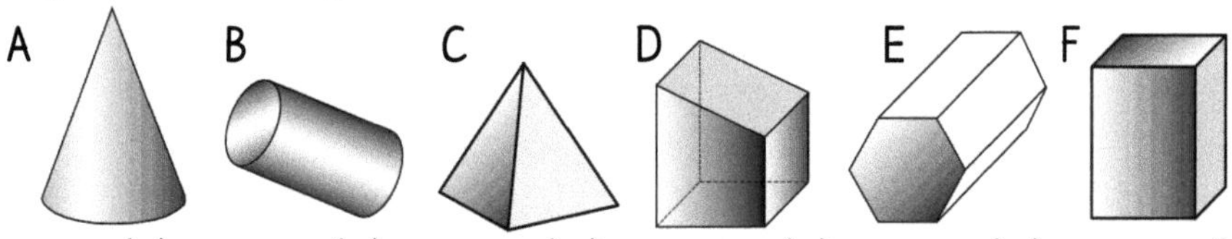

A	B	C	D	E	F
☐2 (L)	☐1 (E)	☐8 (G)	☐11 (P)	☐18 (A)	☐10 (L)
☐0 (B)	☐3 (O)	☐6 (N)	☐12 (U)	☐12 (M)	☐12 (R)
☐1 (J)	☐2 (A)	☐7 (G)	☐10 (R)	☐16 (O)	☐11 (A)

Dienstag
erledigt ☐ kontrolliert ☐

Multipliziere schriftlich. Die Kennbuchstaben bei den richtigen Lösungen ergeben ein Lösungswort.

A

8	9	•	4	7

4173 (F) 4083 (K) 4183 (S)

B

7	4	•	8	3

6142 (T) 6042 (L) 6242 (U)

C

5	6	•	8	2

4692 (R) 3592 (O) 4592 (Ö)

D

8	3	•	5	9

4697 (D) 4797 (S) 4897 (R)

Lösungswort:

A	B	C	D

Mittwoch
erledigt ☐ kontrolliert ☐

Den Flächeninhalt einer ebenen Figur bestimmst du, indem du die Anzahl der quadratischen Kästchen zählst, die von der Fläche bedeckt werden. Ein Kästchen hat einen Flächeninhalt von 1 cm² (sprich: ein Quadratzentimeter).

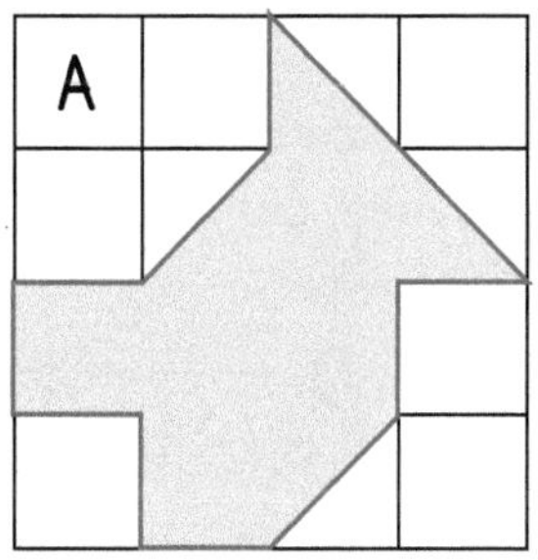

Flächeninhalt: cm²

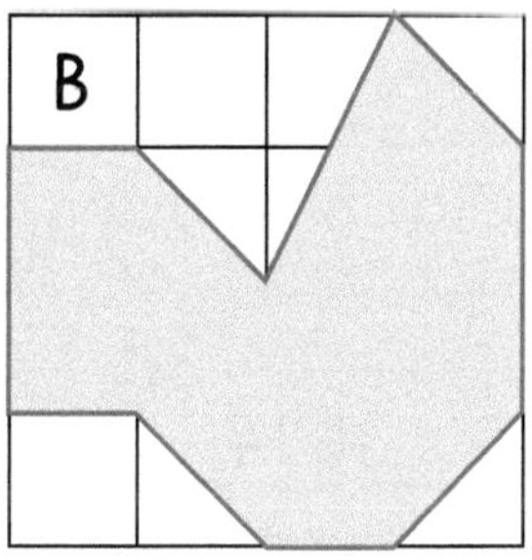

Flächeninhalt: cm²

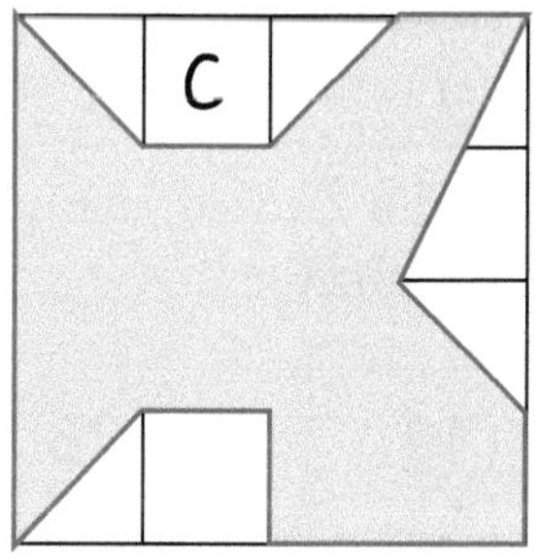

Flächeninhalt: cm²

Donnerstag
erledigt ☐ kontrolliert ☐

Sachaufgaben

A Inga und Karen haben zusammen 400 € gespart. Inga hat 30 € mehr als Karen gespart. Wie viel Geld hat Inga?

B Der Preis für eine Tischtennisplatte wurde um 39 € auf 287 € gesenkt. Was kostete die Platte vorher?

C Der Unterricht an Utas Schule beginnt um 8:15 Uhr. Uta geht 23 Minuten vor Unterrichtsbeginn von zu Hause los.

Freitag
erledigt ☐ kontrolliert ☐

Ergänze jeweils zu einem magischen Quadrat.

A

		13
10	12	
11		

B

400		310
	350	
390		

C

32			26
	20		
18		14	24
8	30		2

D

17	24	1		15
	5		14	16
4	6	13	20	
10			21	3
11	18	25		9

KOHL VERLAG WOCHENPLAN MATHEMATIK / 4. Schuljahr – Bestell-Nr. 11 400

Name: ______________________ Klasse: ______ Wochenplan Nr. _____ Abgabe am: ______________

Montag erledigt ☐ kontrolliert ☐

Sachaufgaben

A Ein Elefant und das Elefantenbaby wiegen zusammen 1800 kg. Die Mama wiegt 1200 kg mehr als ihr Baby. Gib das Gewicht der Elefantenmama an.

☐

B Ich denke mir eine Zahl. Wenn ich vom 5-fachen dieser Zahl 25 abziehe, erhalte ich 60. Welche Zahl habe ich mir gedacht?

☐

C 12 Brötchen kosten im Sonderangebot 2,76 €. Wie viel kostet ein Brötchen in Cent?

☐

Dienstag erledigt ☐ kontrolliert ☐

Multipliziere schriftlich. Die Kennbuchstaben bei den richtigen Lösungen ergeben ein Lösungswort.

A

7	7	3	•	8	3

63159 (B) 64159 (N) 65159 (D)

B

6	2	7	•	5	7

35739 (E) 34739 (O) 36739 (S)

C

5	3	2	•	9	5

50340 (N) 50440 (R) 50540 (P)

D

9	5	6	•	4	3

40108 (S) 41108 (T) 42108 (B)

E

4	8	9	•	7	3

35697 (U) 35797 (C) 36797 (O)

F

7	2	4	•	6	4

44336 (F) 45336 (H) 46336 (N)

Lösungswort:

A	B	C	D	E	F

Mittwoch erledigt ☐ kontrolliert ☐

Trage die Zahlen, die genau in der Mitte zwischen den beiden angegebenen Zahlen stehen, in die Kästchen ein.

A 7312 ☐ 8916

B 2248 ☐ 3614

C 1675 ☐ 3317

D 6781 ☐ 7355

Donnerstag erledigt ☐ kontrolliert ☐

Addiere schriftlich. Aus den Kennbuchstaben der richtigen Lösungen ergibt sich ein Lösungswort.

A

	5	3	1	1
+	4	3	2	3
+	8	7	6	2
+	2	0	5	3

☐18449 (O)
☐19449 (V)
☐20449 (P)

B

	9	8	0	9
+	8	0	7	7
+	3	5	0	6
+	6	7	5	7

☐28149 (I)
☐29149 (U)
☐30149 (R)

C

	9	7	6	5
+	6	8	2	7
+	5	7	5	8
+	6	4	8	5

☐28735 (A)
☐28835 (M)
☐29835 (S)

D

	2	6	5	7
+	4	9	8	0
+	1	8	5	1
+	7	3	1	4

☐15802 (R)
☐16802 (P)
☐17802 (U)

E

	4	2	6	6
+	8	6	8	9
+	9	7	5	8
+	6	4	9	9

☐27212 (M)
☐28212 (Z)
☐29212 (F)

Lösungswort:

A	B	C	D	E

Freitag erledigt ☐ kontrolliert ☐

Ermittle, welche Zahl im ersten Feld steht.

A

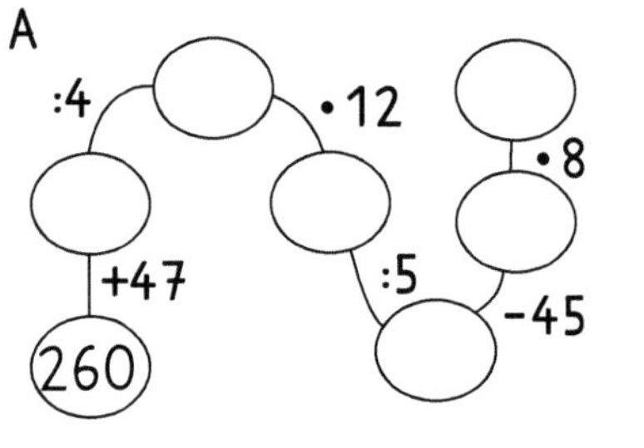

B

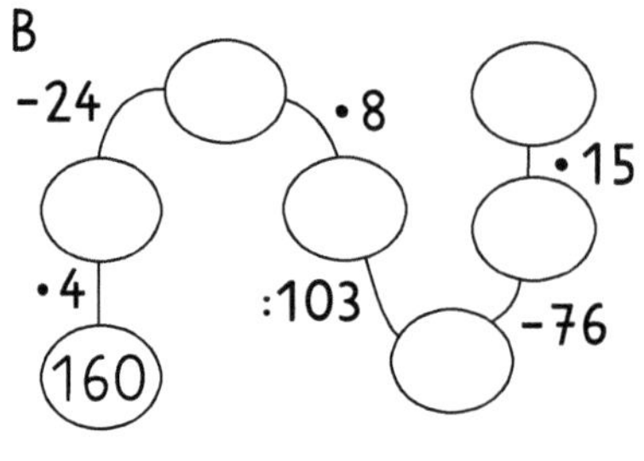

C

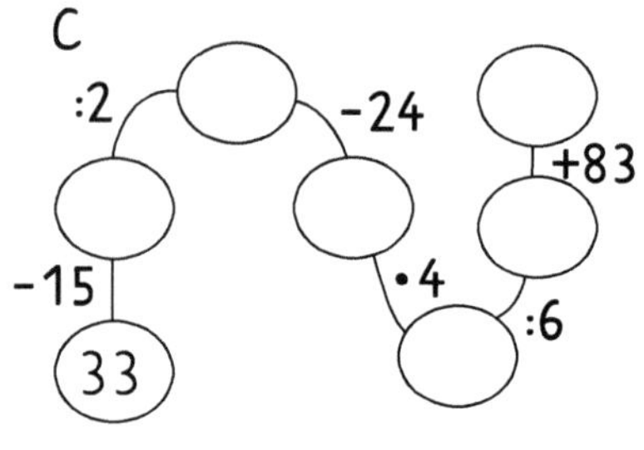

Name: ______________ Klasse: ______ Wochenplan Nr. _____ Abgabe am: ______________

Montag
erledigt ☐ kontrolliert ☐

Dividiere schriftlich.

A: 1164 : 12 =

B: 1105 : 17 =

C: 2738 : 37 =

D: 2448 : 68 =

Dienstag
erledigt ☐ kontrolliert ☐

Gib jeweils den Vorgänger und Nachfolger der dargestellten Zahl an.

A
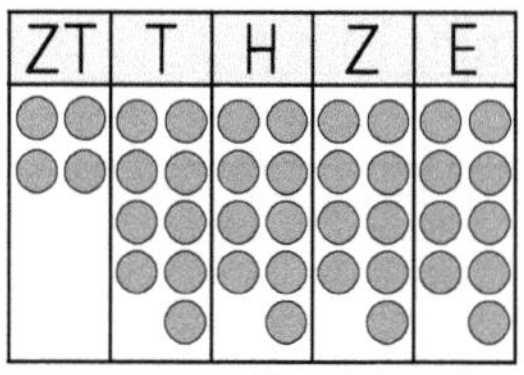

Vorgänger ☐
Nachfolger ☐

B
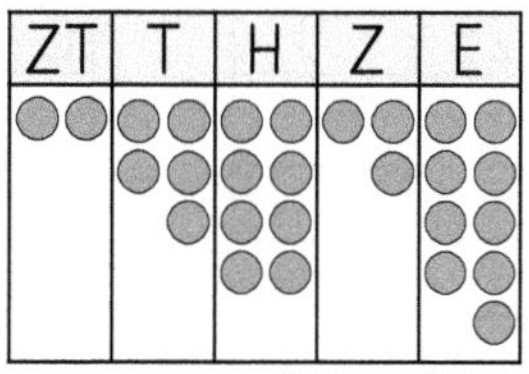

Vorgänger ☐
Nachfolger ☐

C
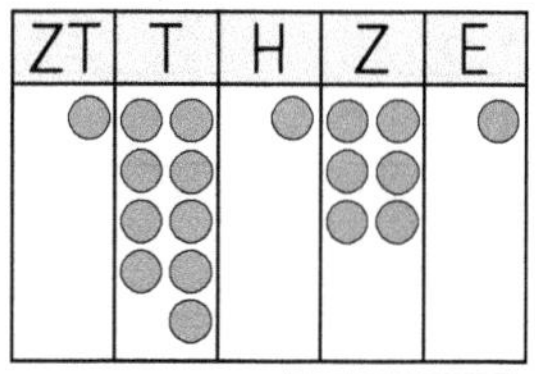

Vorgänger ☐
Nachfolger ☐

D
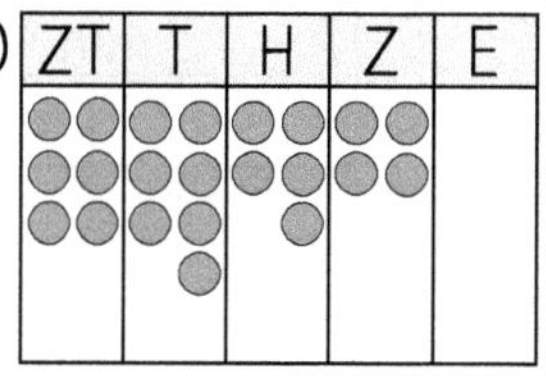

Vorgänger ☐
Nachfolger ☐

Mittwoch
erledigt ☐ kontrolliert ☐

Rechne jede Aufgabe im Kopf. Verbinde die Aufgabe mit der zugehörigen Lösungszahl. Aus den Kennbuchstaben der richtigen Antworten ergibt sich ein Lösungswort.

A: $\frac{3}{4}$ von 2 km =

1000 m	K
500 m	H
1500 m	T

B: $\frac{2}{3}$ von 6 m =

2 m	A
4 m	K
3 m	T

C: $\frac{4}{5}$ von 2 t =

1,6 t	A
800 kg	I
400 kg	L

D: $\frac{5}{8}$ von 4 kg =

800 g	L
250 g	N
2500 g	T

A	B	C	D

Donnerstag
erledigt ☐ kontrolliert ☐

Rechne die Aufgaben aus und schreibe die Lösungen in die freien Felder unter den Aufgaben.

A: 110, 50, 80 – kleinste Zahl mal größte Zahl minus mittlere Zahl

B: 130, 70, 50 – mittlere Zahl mal größte Zahl plus kleinste Zahl

C: 20, 150, 80 – größte Zahl mal kleinste Zahl minus mittlere Zahl

D: 110, 50, 180 – kleinste Zahl mal größte Zahl plus mittlere Zahl

Freitag
erledigt ☐ kontrolliert ☐

Rechne die Meterangaben in Zentimeter um und multipliziere. Anschließend wandelst du das Ergebnis wieder in Meter um.

A 9,28 m • 6		
cm	•	6
		cm
		m

B 45,04 m • 7		
cm	•	7
		cm
		m

C 6,95 m • 5		
cm	•	5
		cm
		m

KOHL VERLAG WOCHENPLAN MATHEMATIK / 4. Schuljahr – Bestell-Nr. 11 400

Name: ____________ Klasse: ______ Wochenplan Nr. _____ Abgabe am: ____________

Montag erledigt ☐ kontrolliert ☐

Sachaufgaben

A Welche Zahl wurde mit sich selbst multipliziert, wenn das Ergebnis 625 beträgt?

B Adam Ries, der Rechenmeister und Verfasser eines Rechenbuches, lebte von 1492 bis 1559. Wie alt wurde er?

C Ein Grundstück ist 19 m lang und 7 m breit. Es soll mit einem Zaun versehen werden. Wie viele m Zaun werden benötigt?

Dienstag erledigt ☐ kontrolliert ☐

Rechne die Angaben in Sekunden um und multipliziere. Anschließend wandelst du das Ergebnis wieder in Minuten um.

A 2 min 40 s • 6						
			s	•	6	
						s
		min				s

B 23 min 25 s • 9						
			s	•	9	
						s
		min				s

C 8 min 13 s • 5						
			s	•	5	
						s
		min				s

Mittwoch erledigt ☐ kontrolliert ☐

Spiegele die vorgegebenen Figuren an den eingezeichneten Achsen. Du kannst deine Bilder farbig anlegen.

A

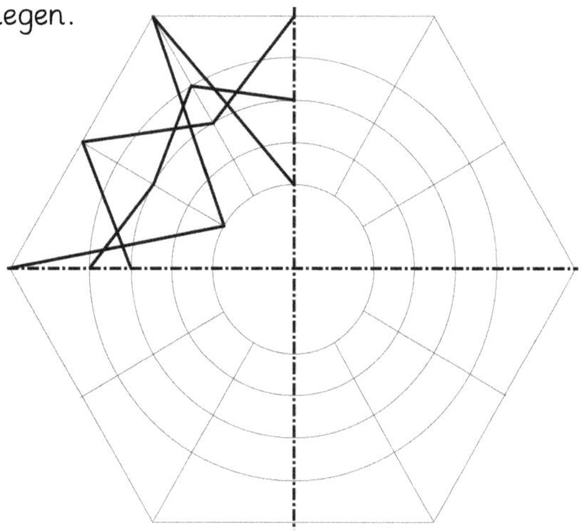

B

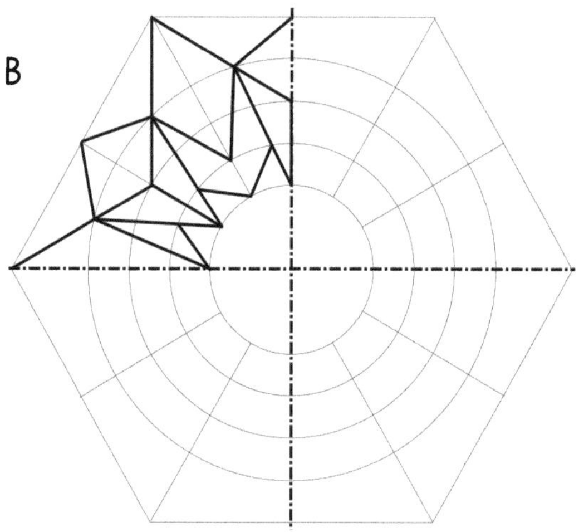

Donnerstag erledigt ☐ kontrolliert ☐

Trage die folgenden Beträge in die Stellenwerttafel ein:

	10000 €	1000 €	100 €	10 €	1 €	10 ct	1 ct
9,72 €							
6 ct							
846 ct							
3782,39 €							
6 €							
505 € 7 ct							
27463,20 €							

Freitag erledigt ☐ kontrolliert ☐

Ergänze jeweils zu einem magischen Quadrat.

A

70		50
	80	
		90

B

		90
	100	140
110		

C

325		
150		350
275		

D

560	960	
	640	
	320	

Name: ______________________ Klasse: ______ Wochenplan Nr. _____ Abgabe am: ______________

Montag erledigt ☐ kontrolliert ☐

Wandle die Geldbeträge wie im Beispiel um und ordne dann die Eurobeträge der Größe nach.

3456 ct	1083 ct				100271 ct	8 ct
34 € 56 ct		2 € 47 ct		0 € 79 ct		
34,56 €			189,35 €			
<	<	<	<	<	<	

Dienstag erledigt ☐ kontrolliert ☐

Wandle die Meterangaben in cm um und dividiere.

A 14,56 m : 13

_____ cm : 13 = _____ cm

B 36,72 m : 17

_____ cm : 17 = _____ cm

C 84,76 m : 26

_____ cm : 26 = _____ cm

Mittwoch erledigt ☐ kontrolliert ☐

Welcher Körper wird gesucht? Trage in die Kästchen den Namen ein.

A Gesucht wird ein Körper mit
6 Flächen
8 Ecken
12 Kanten

B Gesucht wird ein Körper mit
2 Flächen
1 Ecke
1 Kante

C Gesucht wird ein Körper mit
5 Flächen
5 Ecken
8 Kanten

Donnerstag erledigt ☐ kontrolliert ☐

Zeichne die angefangenen Rechtecke und Quadrate fertig und markiere jeweils die rechten Winkel.

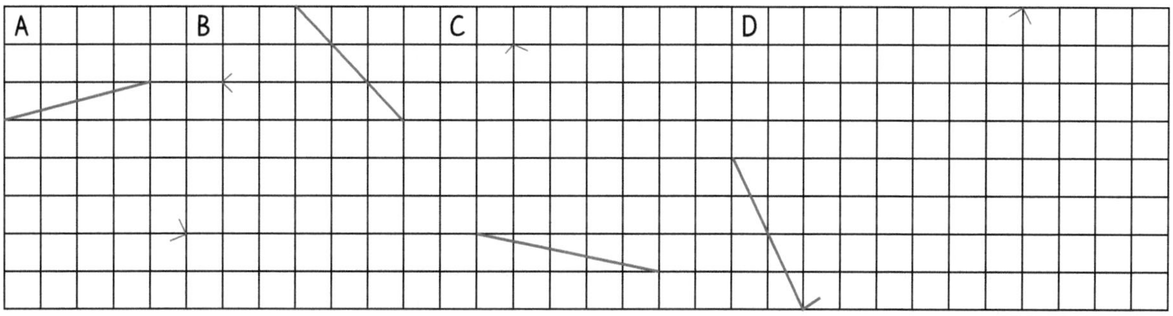

Freitag erledigt ☐ kontrolliert ☐

Wie groß ist der Umfang der Figuren in cm?

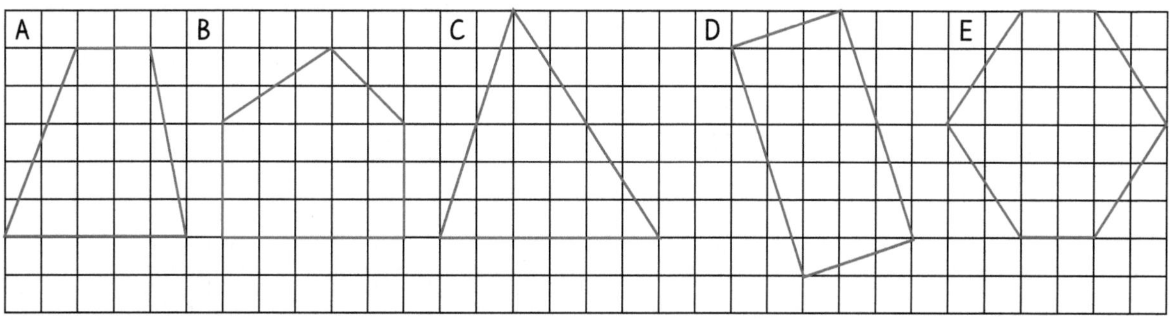

Umfang A: Umfang B: Umfang C: Umfang D: Umfang E:

KOHL VERLAG Lernen mit Erfolg WOCHENPLAN MATHEMATIK / 4. Schuljahr – Bestell-Nr. 11 400

Name: ______________________ Klasse: ______ Wochenplan Nr. _____ Abgabe am: ______________

Montag erledigt ☐ kontrolliert ☐

Vergrößere die Figuren im Maßstab 2:1.

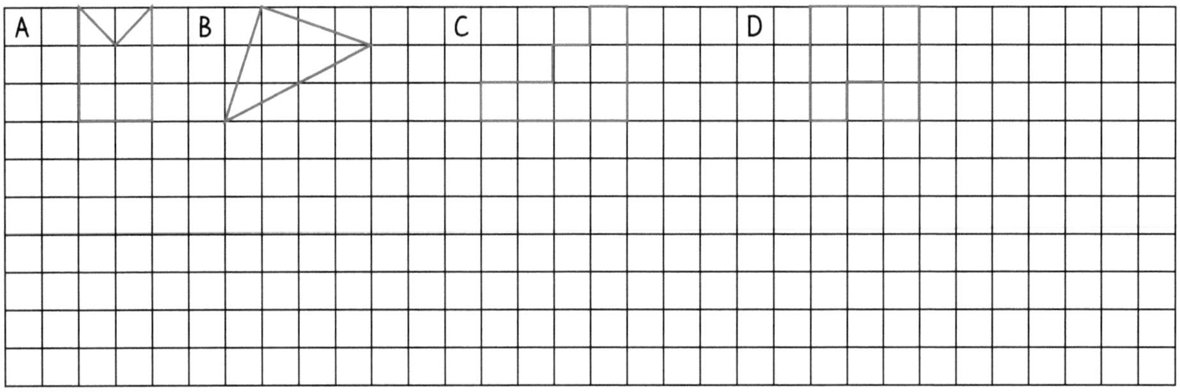

Dienstag erledigt ☐ kontrolliert ☐

Rechne die Angaben in Minuten um und multipliziere. Anschließend wandelst du das Ergebnis wieder um.

A 2 h 35 min • 7						
			min		•	7
						min
		h				min

B 4 h 17 min • 4						
			min		•	4
						min
		h				min

C 3 h 46 min • 8						
			min		•	8
						min
		h				min

Mittwoch erledigt ☐ kontrolliert ☐

Sachaufgaben

A Marko verteilt gleichmäßig an die 24 Kinder in seiner Klasse 408 Gummibärchen. Wie viele erhält jeder?

☐

B In einem Wasserkasten sind 12 Flaschen. Jede Flasche fasst 0,7 l. Wie viele Liter Wasser sind das?

☐

C Frau Meier kauft Spargel. 2 kg kosten 15,20 €. Sie braucht für ihre Familie 3 kg Spargel. Was muss sie bezahlen?

☐

Donnerstag erledigt ☐ kontrolliert ☐

Knobelspaß

A Wähle dir aus jeder Wabe 2 Ziffern und setze sie zu einer Zahl zusammen. Multipliziert erhältst du 351 als Ergebnis.

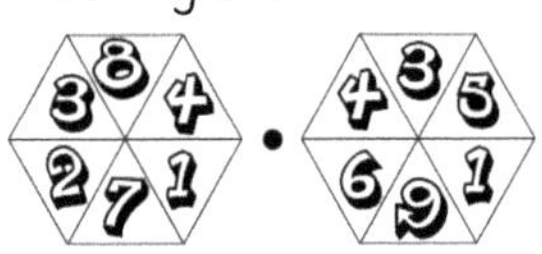

B Kannst du vier Streichhölzer so umlegen, dass zwei Quadrate entstehen?

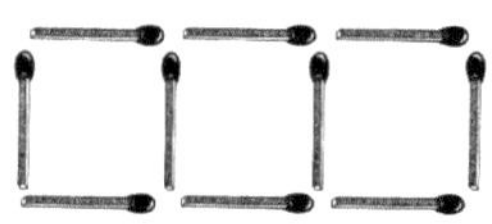

C Wie viele Quadrate kannst du zählen?

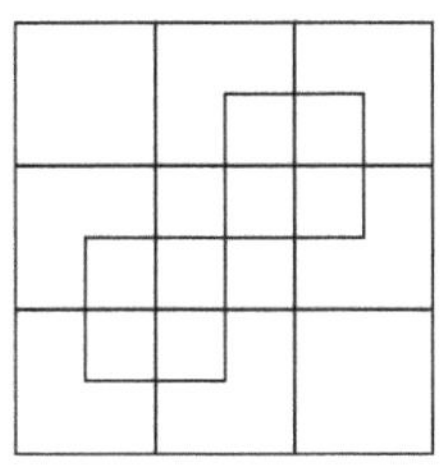

D Wie viele Dreiecke kannst du zählen?

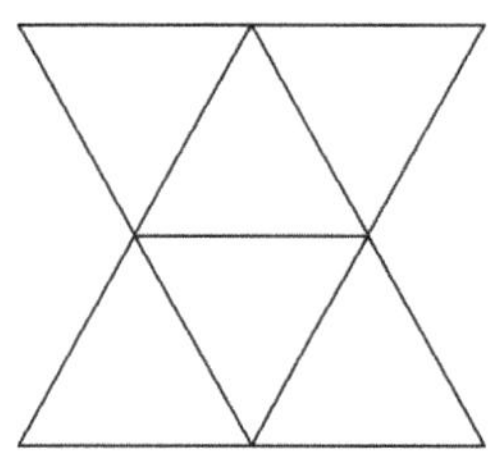

Freitag erledigt ☐ kontrolliert ☐

Rechne jede Aufgabe im Kopf. Verbinde die Aufgabe mit der zugehörigen Lösungszahl.

A $\frac{5}{6}$ von 3 h =

- 140 min
- 120 min
- 150 min

B $\frac{5}{12}$ von 5 min =

- 125 s
- 110 s
- 130 s

C $\frac{1}{5}$ von 2 min =

- 20 s
- 25 s
- 24 s

D $\frac{3}{4}$ von 5 h =

- 200 min
- 250 min
- 225 min

Name: ____________ Klasse: ______ Wochenplan Nr. _____ Abgabe am: ____________

Montag erledigt ☐ kontrolliert ☐

Dividiere schriftlich.

A: 2988 : 36 =

B: 1786 : 19 =

C: 1624 : 29 =

D: 4512 : 47 =

Dienstag erledigt ☐ kontrolliert ☐

Sachaufgaben

A Uwes Fahrrad ist 200 € teurer als Kais Fahrrad. Die beiden Räder haben 1100 € gekostet. Wie teuer war Kais Rad?

B Wie heißt die kleinste vierstellige Zahl, die aus den Ziffern 0, 3, 5 und 7 gebildet werden kann?

C Lehrer Walknix fährt die 7,5 km zur Schule und zurück. Wie viele Kilometer legt er in einer Schulwoche mit 5 Tagen zurück?

Mittwoch erledigt ☐ kontrolliert ☐

Trage die Würfelaugen ein. Du weißt ja, dass die Augen gegenüberliegender Flächen zusammen immer 7 ergeben.

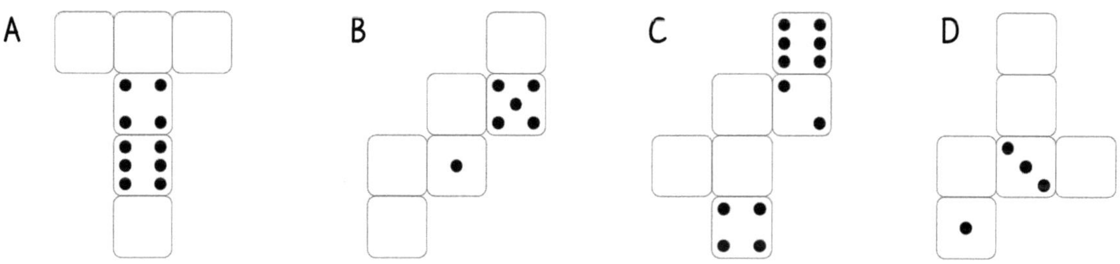

Donnerstag erledigt ☐ kontrolliert ☐

Verkleinere die Buchstaben im Maßstab 1 : 2 bedeutet:

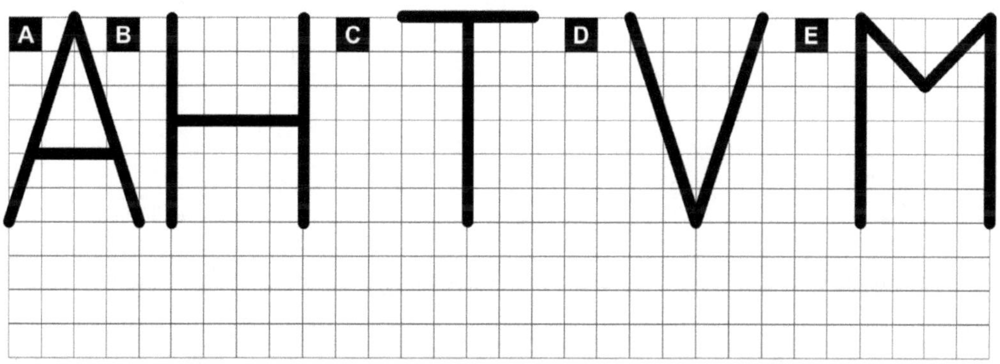

Freitag erledigt ☐ kontrolliert ☐

Spiegele die Figur an der gekennzeichneten Achse.

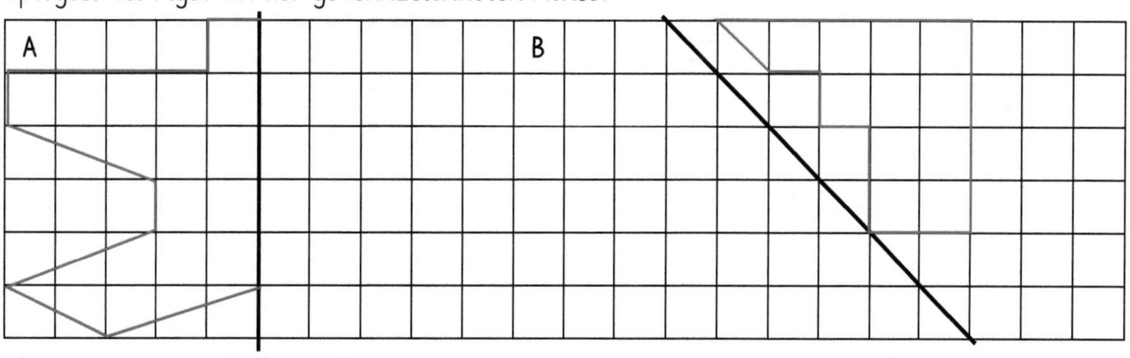

WOCHENPLAN MATHEMATIK / 4. Schuljahr – Bestell-Nr. 11 400
KOHL VERLAG

Name: ______________ Klasse: ______ Wochenplan Nr. _____ Abgabe am: ______________

Montag erledigt ☐ kontrolliert ☐

Sachaufgaben

A Eine fangfrische Forelle kostet 5,83 €. Frau Brat-Hering kauft für ihre Familie drei Forellen.

B Kai überlegt: Noch 11520 Minuten, dann sind Ferien. Wie viele Tage sind es noch bis dahin?

C In einem Stall befinden sich Hasen und Hühner. Uwe zählt 54 Beine und 21 Köpfe. Wie viele Hasen sind es, wie viele Hühner?

Dienstag erledigt ☐ kontrolliert ☐

Knobelspaß

A Lege ein Streichholz so um, dass die Rechnung stimmt.

B Lege zwei Streichhölzer so um, dass die Rechnung stimmt.

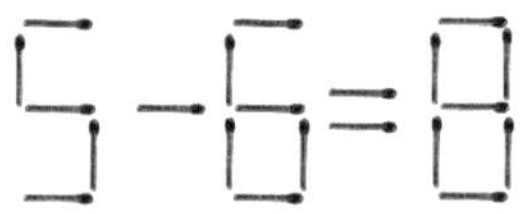

C Lege zwei Streichhölzer so um, dass die Rechnung stimmt.

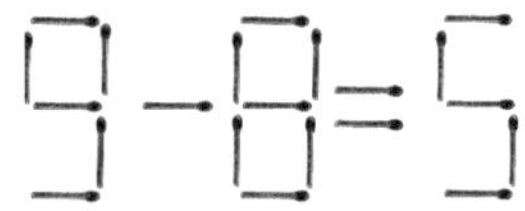

Mittwoch erledigt ☐ kontrolliert ☐

Drehe die Figuren um den Punkt Z jeweils um 90° entgegens dem Uhrzeigersinns. Du kannst dein Bild farbig ausmalen.

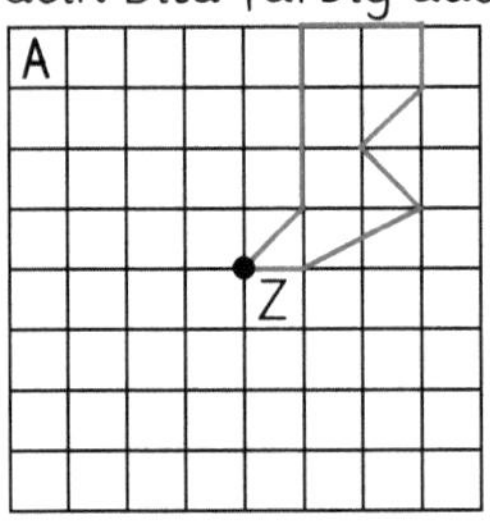

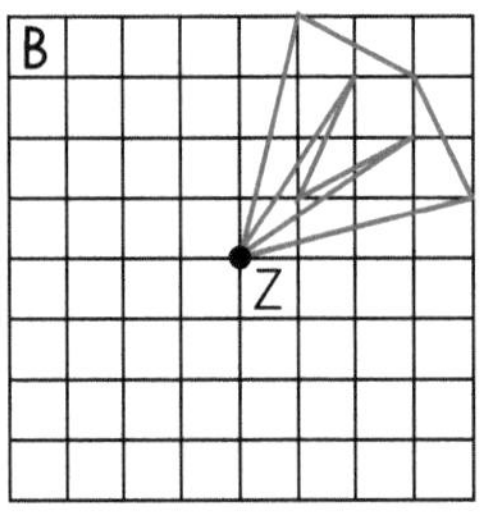

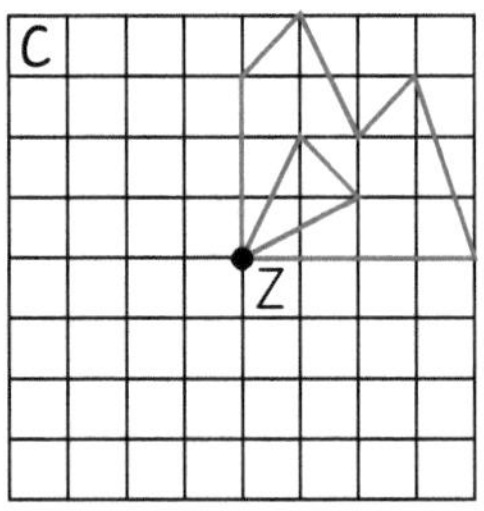

Donnerstag erledigt ☐ kontrolliert ☐

Daten und Diagramme

A) Wie viele Einwohner hat München?

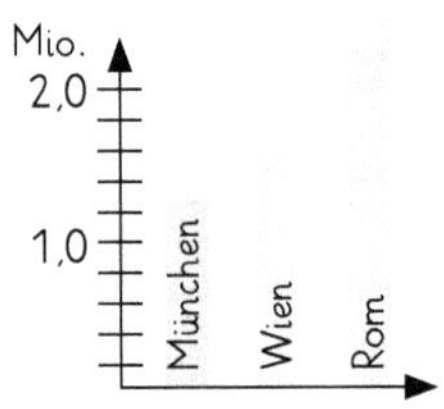

B) Wie teuer ist der Mittelklassewagen?

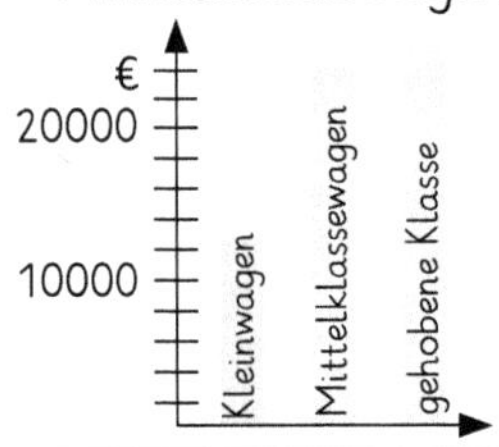

C) Wie viel Taschengeld haben alle Kinder zusammen?

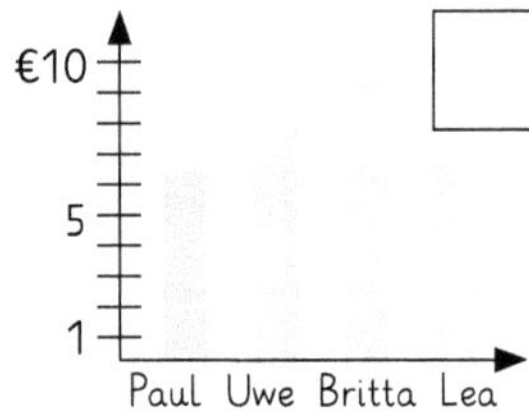

Freitag erledigt ☐ kontrolliert ☐

Trage die Würfelaugen ein. Du weißt ja, dass die Augen gegenüberliegender Flächen zusammen immer 7 ergeben.

A

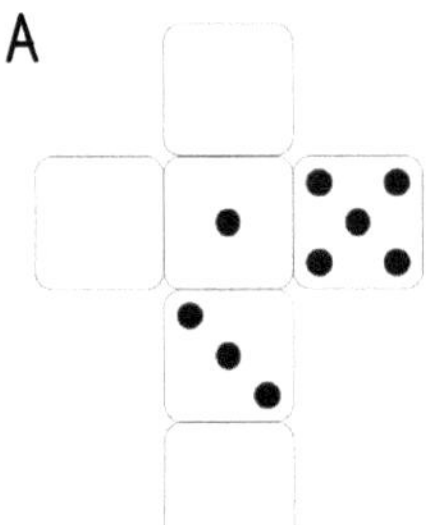

B

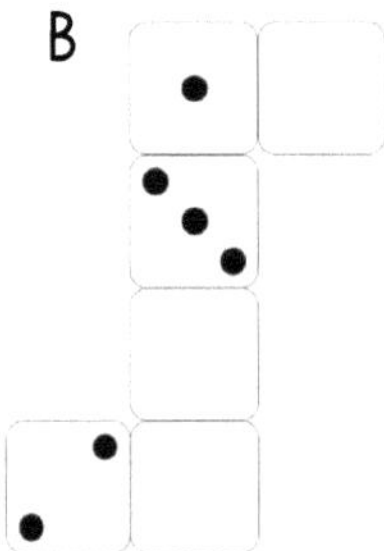

C

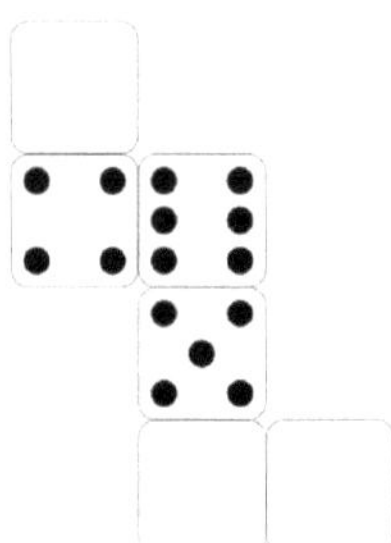

D

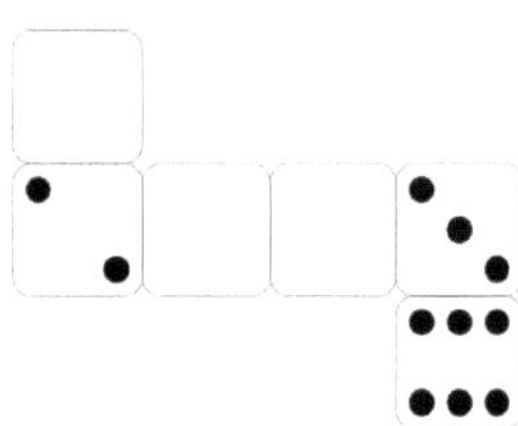

Name: ______________________ Klasse: _____ Wochenplan Nr. _____ Abgabe am: ______________

Montag erledigt ☐ kontrolliert ☐

Setze das Muster fort. Du kannst dein Bild farbig anlegen.

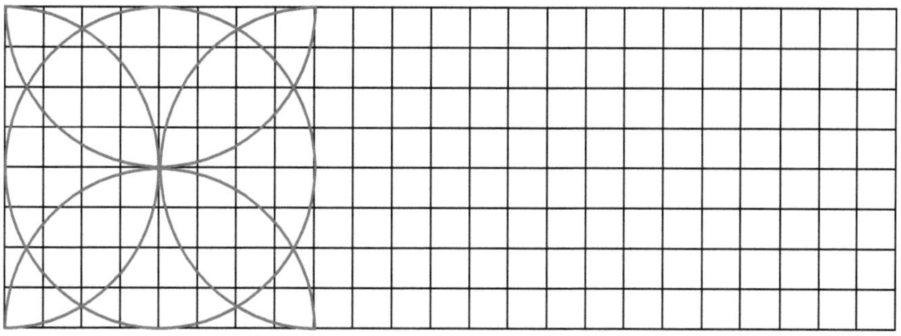

Dienstag erledigt ☐ kontrolliert ☐

Streiche alle Buchstaben, die nicht achsensymmetrisch gemacht werden können.
Welche Buchstaben haben zwei Symmetrieachsen?

A B C D E F G H I J K L M
N O P Q R A T U V W X Y Z

Mittwoch erledigt ☐ kontrolliert ☐

Ergänze die unvollständigen Netze.

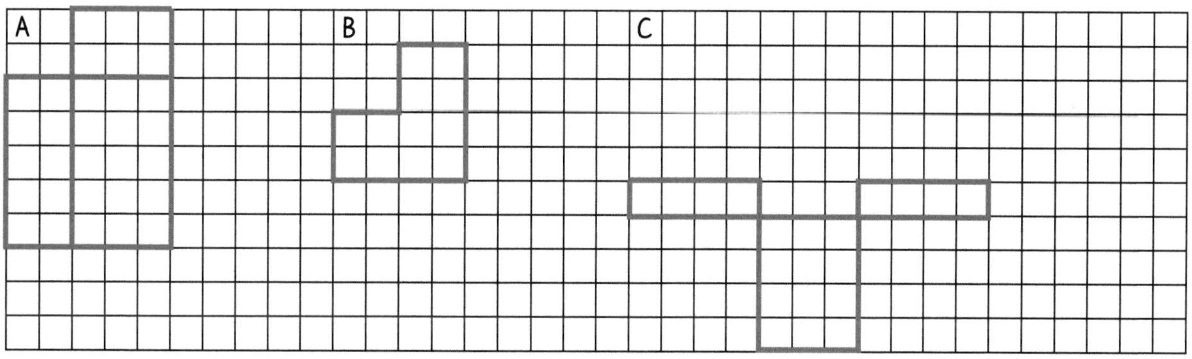

Donnerstag erledigt ☐ kontrolliert ☐

Übertrage die Kettenaufgaben aus der Tabelle in die freien Felder und rechne sie im Kopf aus.

+	1370	2092	3219	1519	–
4740	J		B		4971
3753		F	A	D	
1231	G	I			2284
1745	C	H		E	

A	3753 + 3219 – 4791 =
B	4740 + 3219 – =
C	1745 =
D	
E	
F	
G	
H	
I	
J	

Freitag erledigt ☐ kontrolliert ☐

Die römischen Zahlen sind **I** = 1, **V** = 5, **X** = 10, **L** = 50, **C** = 100, **D** = 500, **M** = 1000.
Schreibe die römischen Zahlzeichen mit unseren arabischen Ziffern.

XXIV =	**CVII =**	**MXX =**	**MDCCLXIV =**
LXIX =	**CXIV =**	**CDIV =**	**MCCCXLVI =**
CXLV =	**MDC =**	**CCIX**	**MDCXXIII =**

Lösungen

Seite 4

Montag erledigt ☐ kontrolliert ☐

Gib jeweils den Vorgänger und den Nachfolger an.

A) 218 219 220 B) 1988 1989 1990 C) 670 671 672

D) 7700 7701 7702 E) 9988 9989 9990 F) 3786 3787 3788

G) 3326 3327 3328 H) 1710 1711 1712 I) 5820 5821 5822

Dienstag erledigt ☐ kontrolliert ☐

Welche Zahlen sind dargestellt?

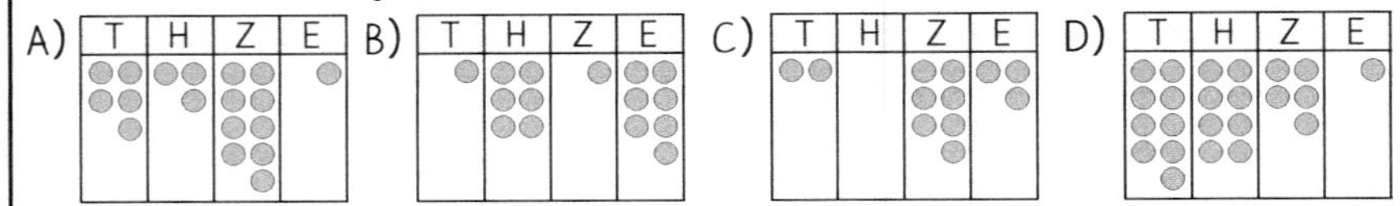

A) 5391 B) 1617 C) 2073 D) 9851

Mittwoch erledigt ☐ kontrolliert ☐

Setze die Zahlen so in die Zahlenmauer ein, dass zwei Zahlen, die nebeneinander stehen, zusammengezählt immer die Zahl darüber ergeben. Löse die Aufgabe zunächst auf einem Zettel oder im Heft und übertrage dann deine Lösung in diese Zahlenmauer.

19730
10460 | 9270
5660 | 4800 | 4470
3010 | 2650 | 2150 | 2320
1560 | 1450 | 1200 | 950 | 1370
750 | 810 | 640 | 560 | 390 | 980

Donnerstag erledigt ☐ kontrolliert ☐

Zeichne das Muster weiter. Du kannst dein Bild farbig ausmalen.

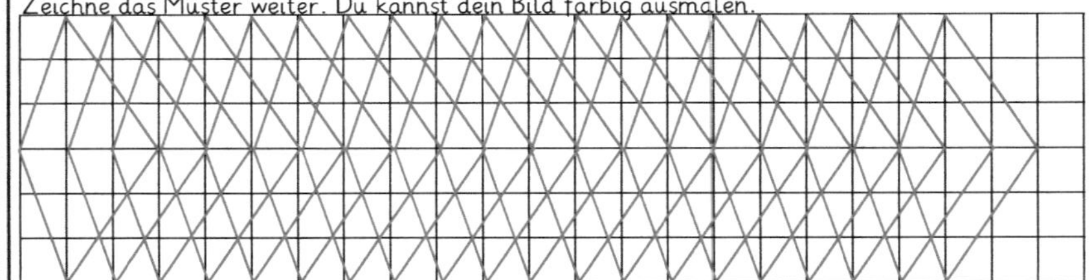

Freitag erledigt ☐ kontrolliert ☐

Runde jeweils alle Zahlen auf Tausender und addiere die gerundeten Zahlen. Aus den Kennbuchstaben der richtigen Lösungen ergibt sich ein Lösungswort.

A) 6549 + 8173 + 3622 → 7000 + 8000 + 4000 = 19000
17000 (P) 18000 (K) 19000 (H)

B) 1386 + 4791 + 2098 → 1000 + 5000 + 2000 = 8000
8000 (A) 9000 (O) 10000 (L)

C) 897 + 7415 + 4501 → 1000 + 7000 + 5000 = 13000
11000 (R) 12000 (L) 13000 (I)

D) 6432 + 7607 + 4495 → 6000 + 8000 + 4000 = 18000
18000 (T) 19000 (I) 20000 (S)

E) 1179 + 6638 + 7763 → 1000 + 7000 + 8000 = 16000
14000 (S) 15000 (N) 16000 (I)

Lösungswort:

A	B	C	D	E
H	A	I	T	I

Seite 5

Montag erledigt ☐ kontrolliert ☐

Zeiche die Körper nach.

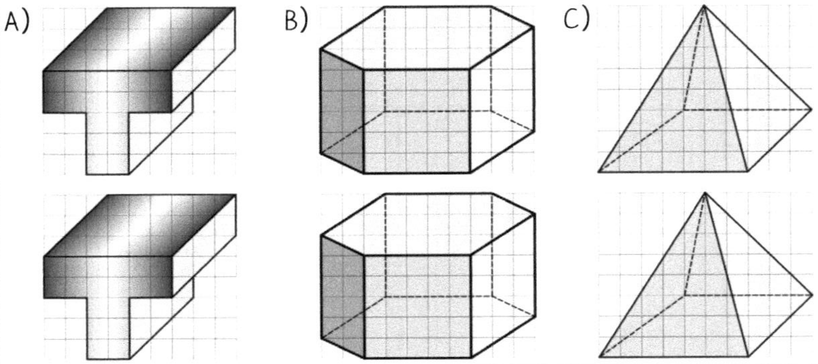

Dienstag erledigt ☐ kontrolliert ☐

Schreibe jeweils als Zahl.

A) dreitausendachthundertdreiundzwanzig 3823

B) zwölftausendeinundachtzig 12081

C) elftausendeinhundertneunundvierzig 11149

D) siebentausendvierhundertsiebzig 7470

Mittwoch erledigt ☐ kontrolliert ☐

Vervollständige die Plustreppen so, dass zwei Zahlen in Feldern, die nebeneinander stehen, zusammengezählt immer die Zahl im oberen Nachbarfeld ergeben.

A)
18213
11836 | 6377
7778 | 4058
6039 | 2319
4300 | 1739 | 580

B)
17504
9069 | 8435
4226 | 4843
2975 | 3592
1724 | 1251 | 2341

Donnerstag erledigt ☐ kontrolliert ☐

Halbiere jede Zahl im Kopf und schreibe deine Lösung in das freie Feld neben der Aufgabe.

A)

1248	→	624
2362	→	1181
4044	→	2022
1966	→	983

B)

1056	→	528
2722	→	1361
3530	→	1765
4168	→	2084

Freitag erledigt ☐ kontrolliert ☐

Trage die Zahlen, die genau in der Mitte zwischen den beiden angegebenen Zahlen stehen, in die Kästchen ein. Die Kennbuchstaben bei den richtigen Antworten ergeben ein Lösungswort.

A) 482 508 534
507 (T) 508 (M) 509 (T)

B) 732 764 796
762 (U) 763 (A) 764 (O)

C) 211 232 253
232 (N) 233 (I) 234 (L)

D) 120 152 184
149 (K) 151 (F) 152 (S)

E) 207 258 309
258 (U) 259 (Z) 260 (S)

F) 83 105 127
105 (N) 106 (M) 107 (T)

Lösungswort:

A	B	C	D	E	F
M	O	N	S	U	N

Lösungen

Seite 6

Montag erledigt ☐ kontrolliert ☐

Den Flächeninhalt einer ebenen Figur bestimmst du, indem du die Anzahl der quadratischen Kästchen zählst, die von der Fläche bedeckt werden. Ein Kästchen hat einen Flächeninhalt von 1 cm^2 (sprich: ein Quadratzentimeter).

A) 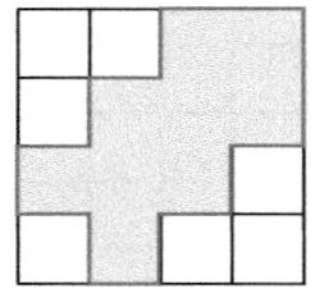 Flächeninhalt: 9 cm^2

B) 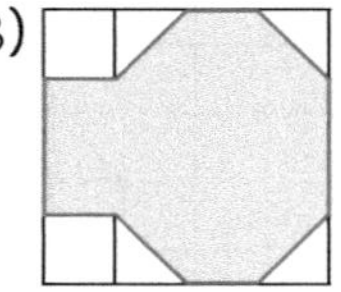 Flächeninhalt: 12 cm^2

C) 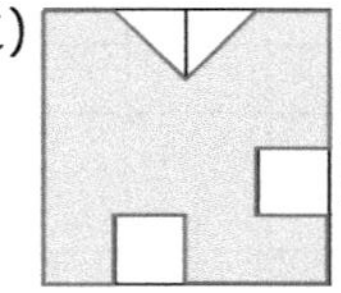 Flächeninhalt: 13 cm^2

Dienstag erledigt ☐ kontrolliert ☐

Rechne jede Aufgabe im Kopf. Verbinde die Aufgabe mit der zugehörigen Lösungszahl. Aus den Kennbuchstaben der richtigen Antworten ergibt sich ein Lösungswort.

A) 2384 + 879 = — 3153 FA / 3363 AL / **3263 PR**

B) 5127 + 308 = — 5453 HE / **5435 OV** / 5473 MU

C) 2837 + 882 = — **3719 IA** / 3179 KL / 3917 RE

C) 1779 + 526 = — **2305 NT** / 3205 WE / 2350 ZU

Lösungswort:

A	B	C	D
PR	OV	IA	NT

Mittwoch erledigt ☐ kontrolliert ☐

Ein Plättchen wird aus einer Spalte entfernt. Welche Zahlen könnten es jetzt sein?

A) 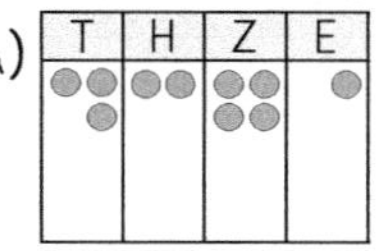

3240	3231
3141	2241

B) 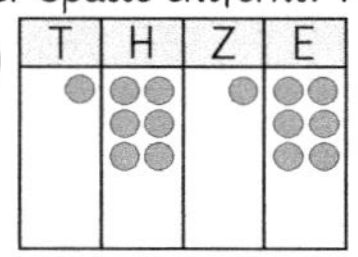

1615	1606
1516	616

C) 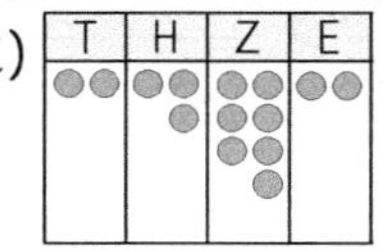

2371	2362
2272	1372

D) 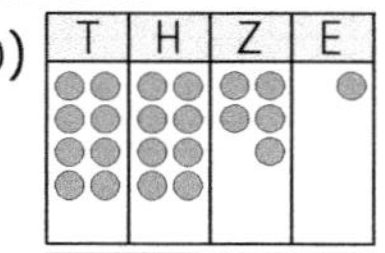

8850	8841
8751	7851

Donnerstag erledigt ☐ kontrolliert ☐

Subtrahiere jeweils von der größeren die kleinere Zahl.

A) 9218 | 4749 | 3184 | 2265
4469 | 1565 | 919
2904 | 646
2258

B) 8912 | 6135 | 4277 | 3185
2777 | 1858 | 1092
919 | 766
153

C) 7292 | 3465 | 1517 | 1018
3827 | 1948 | 499
1879 | 1449
430

Freitag erledigt ☐ kontrolliert ☐

Kreuze die am Zahlenstrahl angezeigte Zahl an. Aus den Kennbuchstaben der Lösungen ergibt sich ein Lösungswort.

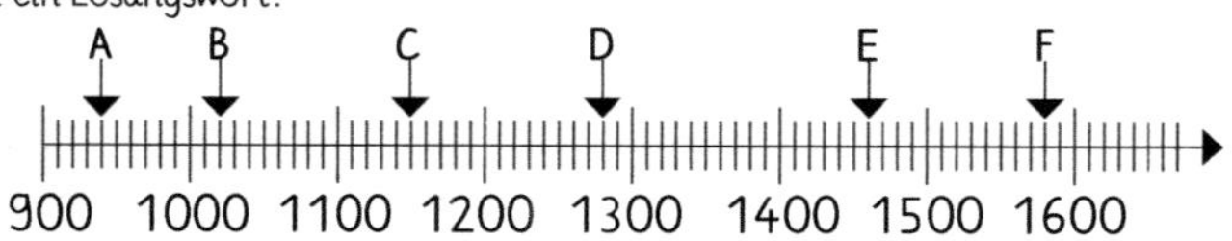

A ☒940 (T) ☐950 (I) ☐960 (W)
B ☐1010 (I) ☐1030 (H) ☒1020 (A)
C ☐1140 (E) ☒1150 (L) ☐1160 (P)
D ☒1280 (E) ☐1270 (M) ☐1290 (U)
E ☐1440 (I) ☐1450 (L) ☒1460 (N)
F ☒1580 (T) ☐1570 (S) ☐1590 (E)

Lösungswort:

A	B	C	D	E	F
T	A	L	E	N	T

Seite 7

Montag erledigt ☐ kontrolliert ☐

Rechne jede Aufgabe im Kopf. Verbinde die Aufgabe mit der zugehörigen Lösungszahl. Aus den Kennbuchstaben der richtigen Antworten ergibt sich ein Lösungswort.

A) 3984 - 812 = — 3162 FA / **3172 TA** / 3182 PR

B) 4867 - 632 = — 4215 HE / 4225 OV / **4235 RA**

C) 2837 - 724 = — **2113 NT** / 2114 KL / 2115 RE

C) 3779 - 556 = — 3203 NT / 3213 WE / **3223 EL**

Lösungswort:

A	B	C	D
TA	RA	NT	EL

Dienstag erledigt ☐ kontrolliert ☐

Übertrage die Buchstaben unten in die freien Gitterfelder. Male das fertige Bild dann in deinen Lieblingsfarben aus.

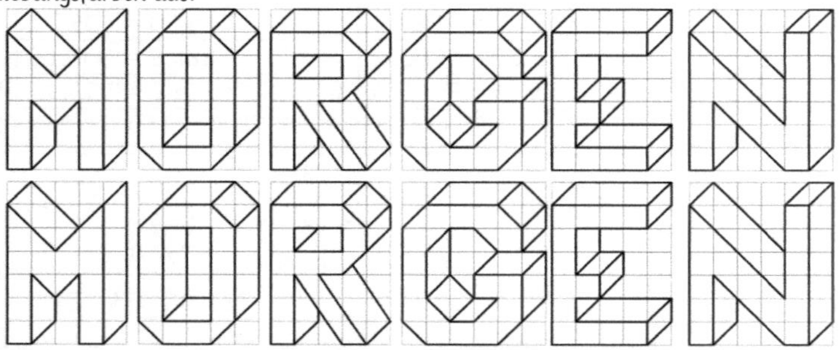

Mittwoch erledigt ☐ kontrolliert ☐

Kreuze die richtig gerundete Zahl an. Aus den Kennbuchstaben der richtigen Lösung ergibt sich ein Lösungswort.

A 6357 ☐6400 (C)
B 7504 ☐7500 (H)
C 8751 ☐8800 (E)
D 5329 ☐5300 (M)
E 7286 ☐7300 (I)
F 1965 ☐2000 (E)

Lösungswort:

A	B	C	D	E	F
C	H	E	M	I	E

Donnerstag erledigt ☐ kontrolliert ☐

Dividiere die Zahlen. Aus den Kennbuchstaben der richtigen Lösungen ergibt sich ein Lösungswort.

A 240 : 15 16 (N)
B 288 : 12 24 (Ä)
C 224 : 14 16 (H)
D 342 : 19 18 (Z)
E 154 : 11 14 (E)
F 195 : 13 15 (U)
G 221 : 17 13 (G)

Lösungswort:

A	B	C	D	E	F	G
N	Ä	H	Z	E	U	G

Freitag erledigt ☐ kontrolliert ☐

Ergänze die fehlenden Zahlen in den Kästchen.

A) 160 —(: 5)→ 32 —(+118)→ 150 —(: 30)→ 5 —(• 37)→ 185

B) 27 —(• 2)→ 54 —(+6)→ 60 —(: 4)→ 15 —(• 8)→ 120

Lösungen

Seite 8

Montag — erledigt ☐ kontrolliert ☐

Rechne die Aufgaben im Kopf aus und schreibe die Lösungen in die freien Felder.

A	5470 + 2310	7780	D	3770 + 1290	5060	G	3570 + 1350	4920
B	1590 + 2630	4220	E	4810 + 2380	7190	H	5650 + 3910	9560
C	6020 + 1670	7690	F	1950 + 2760	4710	I	3270 + 2390	5660

Dienstag — erledigt ☐ kontrolliert ☐

Ad diere die Zahlen. Aus den Kennbuchstaben der richtigen Lösungen ergibt sich ein Lösungswort.

A

	3	7	8	8
+	3	9	7	4
+	1	0	3	9
	8	8	0	1

☐8801 (O)

B

		9	9	6
+	2	6	5	6
+	1	3	4	4
	4	9	9	6

☐4996 (L)

C

	3	8	6	4
+	1	6	2	7
+	2	5	4	7
	8	0	3	8

☐8038 (D)

D

	3	9	7	7
+	1	7	8	4
+	3	3	5	7
	9	1	1	8

☐9118 (I)

E

	1	2	6	8
+	2	2	3	5
+	3	4	6	5
	6	9	6	8

☐6968 (E)

Lösungswort:

A	B	C	D	E
O	L	D	I	E

Mittwoch — erledigt ☐ kontrolliert ☐

Schreibe den Geldbetrag als Kommazahl.

A

10 €	1 €	10 ct	1 ct
3	7	5	5

37,55 €

B

50 ct	10 ct	5 ct	2 ct	1 ct
6	5	12	7	3

4,27 €

C

10 €	5 €	2 €	1 €	50 ct
7	2	4	6	3

95,50 €

D

100 €	10 €	1 €	10 ct	1 ct
6	0	9	2	7

609,27 €

E

100 €	10 €	1 €	10 ct	1 ct
2	7	0	6	0

270,60 €

F

100 €	10 €	1 €	10 ct	1 ct
1	3	7	0	5

137,05 €

Donnerstag — erledigt ☐ kontrolliert ☐

Wandle in die angegebene Einheit um.

A	B	C
6 km = 6000 m	7 m = 700 cm	3000 mm = 30 dm
55000 m = 55 km	80 dm = 8 m	7000 cm = 70 m
300 mm = 30 cm	8 cm = 80 mm	300 dm = 3000 cm

Freitag — erledigt ☐ kontrolliert ☐

Setze das Muster fort und male dein Bild farbig aus.

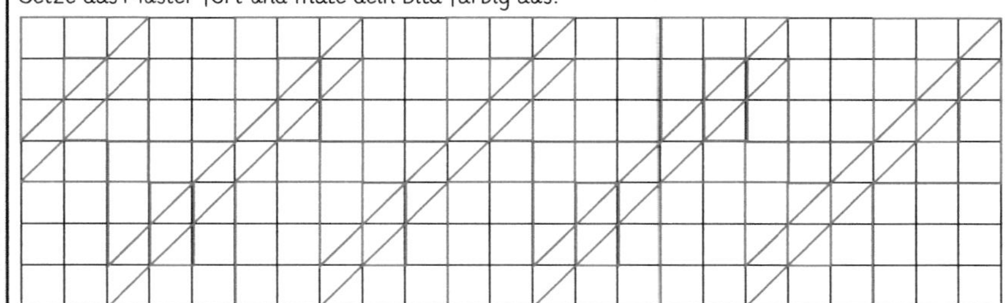

Seite 9

Montag — erledigt ☐ kontrolliert ☐

Rechne die Aufgaben im Kopf aus und schreibe die Lösungen in die freien Felder.

A	5470 - 2310	3160	D	3770 - 1290	2480	G	3570 - 1350	2220
B	3590 - 2630	960	E	4810 - 2380	2430	H	5650 - 3910	1740
C	6020 - 1670	4350	F	2950 - 2760	190	I	3270 - 2390	880

Dienstag — erledigt ☐ kontrolliert ☐

Subtrahiere. Aus den Kennbuchstaben der richtigen Lösungen ergibt sich ein Lösungswort.

A

	5	7	8	8
-		9	7	4
-	1	4	3	9
	3	3	7	5

☐3375 (K)

B

	8	9	9	6
-	2	6	5	6
-	1	3	4	4
	4	9	9	6

☐4996 (E)

C

	8	8	6	4
-	1	6	2	7
-	2	5	4	7
	4	6	9	0

☐4690 (K)

D

	7	9	7	7
-	1	7	8	4
-	3	3	5	7
	2	8	3	6

☐2836 (S)

E

	9	2	6	8
-	2	2	3	5
-	3	4	6	5
	3	5	6	8

☐3568 (E)

Lösungswort:

A	B	C	D	E
K	E	K	S	E

Mittwoch — erledigt ☐ kontrolliert ☐

Wie heißen die nächsten vier Zahlen der bildlich dargestellten Zahlenfolgen?

A

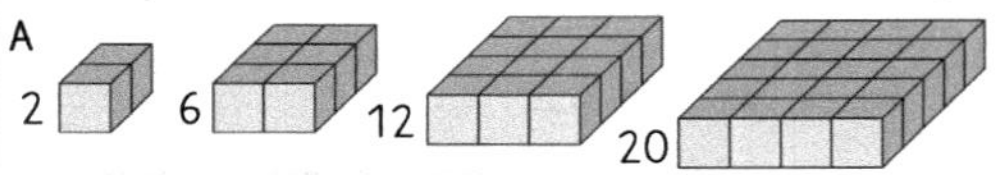

30 42 56 72

B

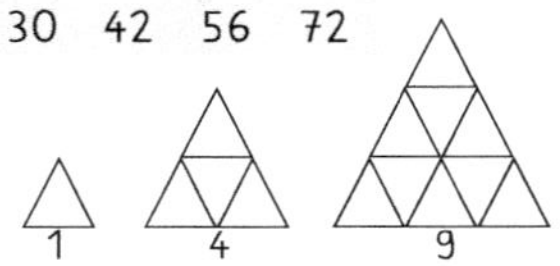

16 25 36 49

C

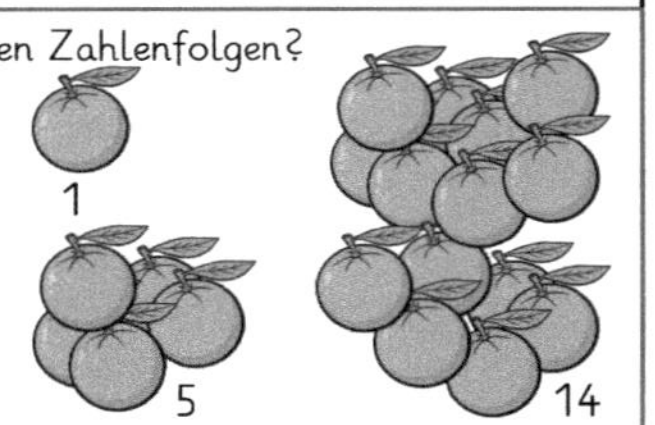

30 55 91 140

Donnerstag — erledigt ☐ kontrolliert ☐

Schreibe mit Komma in der angegebenen Einheit.

A	B	C
3795 g = 3,795 kg	4150 kg = 4,15 t	7350 kg = 7,35 t
5139 kg = 5,139 t	500 kg = 0,5 t	750 g = 0,75 kg
250 g = 0,25 kg	80 g = 0,08 kg	10 g = 0,01 kg

Freitag — erledigt ☐ kontrolliert ☐

Setze das Muster fort und male dein Bild farbig aus.

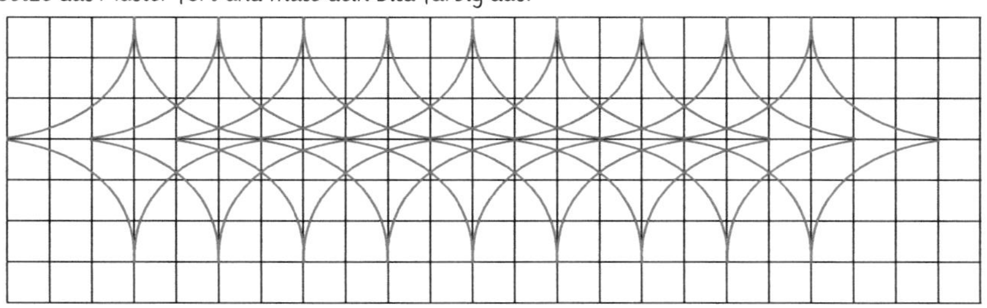

Lösungen

Seite 10

Montag – erledigt ☐ kontrolliert ☐

Welcher Bruchteil der Figur ist hier jeweils gekennzeichnet? Kreuze die passende Antwort an. Aus den Kennbuchstaben der richtigen Lösungen ergibt sich ein Lösungswort.

A ☐ $\frac{2}{3}$ (R) | B ☐ $\frac{5}{9}$ (E) | C ☐ $\frac{1}{8}$ (L) | D ☐ $\frac{7}{12}$ (I) | E ☐ $\frac{3}{8}$ (N) | F ☐ $\frac{9}{10}$ (G)

Lösungswort:

A	B	C	D	E	F
R	E	L	I	N	G

Dienstag – erledigt ☐ kontrolliert ☐

Zerlege die Zahlen und trage deine Ergebnisse in die Kästchen ein.

A 100000	B 130000	C 150000	D 175000
55000 + 45000	27000 + 103000	65000 + 85000	52000 + 123000
38000 + 62000	68000 + 62000	72000 + 78000	18000 + 157000
47000 + 53000	72000 + 58000	49000 + 101000	82000 + 93000
89000 + 11000	91000 + 39000	84000 + 66000	63000 + 112000

Mittwoch – erledigt ☐ kontrolliert ☐

Zerlege die Zahlen und trage deine Ergebnisse in die Kästchen ein.

A 10000	B 14000	C 8000	D 18000
2 • 5000	2 • 7000	2 • 4000	2 • 9000
5 • 2000	5 • 2800	5 • 1600	5 • 3600
100 • 100	100 • 140	100 • 80	100 • 180
200 • 50	200 • 70	200 • 40	200 • 90

Donnerstag – erledigt ☐ kontrolliert ☐

Ergänze die Tabellen.

A		B		C		D		E		F	
kg	g	t	kg	kg	g	mg	g	t	kg	g	mg
3,7	3700	2,4	2400	9,07	9070	400	0,4	0,07	70	6,2	6200
2,2	2200	1,2	1200	5,7	5700	2100	2,1	3,2	3200	5,2	5200
0,27	270	0,5	500	0,3	300	3900	3,9	1,02	1020	0,07	70
0,8	800	0,07	70	0,4	400	40	0,04	0,76	760	0,069	69

Freitag – erledigt ☐ kontrolliert ☐

Multipliziere halbschriftlich.

A
329 • 5 = 1645
300 • 5 = 1500
20 • 5 = 100
9 • 5 = 45

B
618 • 8 = 4944
600 • 8 = 4800
10 • 8 = 80
8 • 8 = 64

C
564 • 7 = 3948
500 • 7 = 3500
60 • 7 = 420
4 • 7 = 28

D
983 • 4 = 3932
900 • 4 = 3600
80 • 4 = 320
3 • 4 = 12

E
835 • 9 = 7515
800 • 9 = 7200
30 • 9 = 270
5 • 9 = 45

F
573 • 6 = 3438
500 • 6 = 3000
70 • 6 = 420
3 • 6 = 18

Seite 11

Montag – erledigt ☐ kontrolliert ☐

Drehe die Figur elfmal um jeweils drei Teilstriche (30°) weiter. Du kannst dein fertiges Bild farbig anlegen.

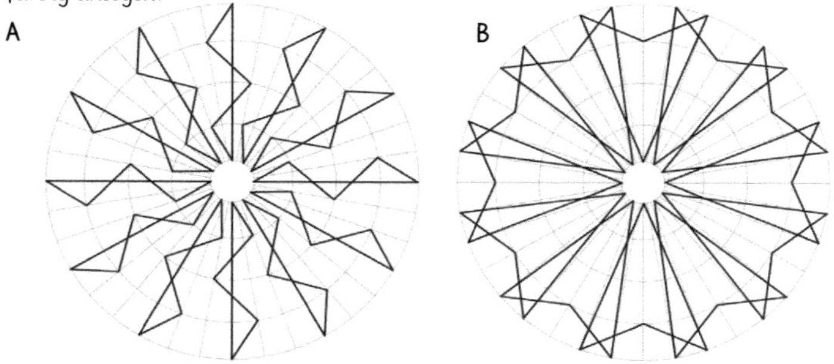

Dienstag – erledigt ☐ kontrolliert ☐

Färbe den angegebenen Teil der Abbildungen ein.

A $\frac{1}{3}$ | B $\frac{7}{9}$ | C $\frac{5}{8}$ | D $\frac{5}{12}$ | E $\frac{7}{8}$ | F $\frac{3}{10}$

Mittwoch – erledigt ☐ kontrolliert ☐

Rechne jede Aufgabe im Kopf. Verbinde die Aufgabe mit der zugehörigen Lösungszahl. Aus den Kennbuchstaben der richtigen Antworten ergibt sich ein Lösungswort.

A $\frac{1}{4}$ von 2 km = → 500 m (H)

400 m	K
500 m	H
250 m	S

B $\frac{1}{2}$ von 5 cm = → 25 mm (A)

25 mm	A
20 mm	Ö
10 mm	T

C $\frac{1}{5}$ von 2 t = → 400 kg (L)

250 kg	P
500 kg	I
400 kg	L

D $\frac{1}{8}$ von 1 kg = → 125 g (M)

100 g	L
250 g	N
125 g	M

Lösungswort:

A	B	C	D
H	A	L	M

Donnerstag – erledigt ☐ kontrolliert ☐

Verdopple jede Zahl im Kopf und schreibe deine Lösung in das freie Feld neben der Aufgabe.

A

312	→	624
597	→	1194
978	→	1956

B

278	→	556
339	→	678
472	→	944

Freitag – erledigt ☐ kontrolliert ☐

Kreuze die am Zahlenstrahl angezeigte Zahl an. Aus den Kennbuchstaben der Lösungen ergibt sich ein Lösungswort.

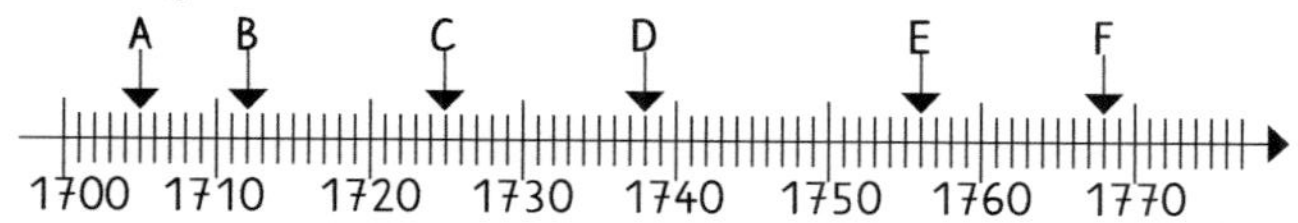

A ☐1704 (P) B ☐1712 (R) C ☐1725 (O) D ☐1738 (F) E ☐1756 (I) F ☐1768 (L)

Lösungswort:

A	B	C	D	E	F
P	R	O	F	I	L

Lösungen

Seite 12

Montag erledigt □ kontrolliert □

Löse halbschriftlich. Es bleibt jeweils ein Rest.

A
388 : 3 = 129 R 1
300 : 3 = 100
60 : 3 = 20
28 : 3 = 9 R 1

B
975 : 4 = 243 R 3
800 : 4 = 200
160 : 4 = 40
15 : 4 = 3 R 3

C
975 : 9 = 108 R 3
900 : 9 = 100
75 : 9 = 8 R 3

D
830 : 3 = 276 R 2
600 : 3 = 200
210 : 3 = 70
20 : 3 = 6 R 2

Dienstag erledigt □ kontrolliert □

Setze das Muster fort. Du kannst dein Bild farbig ausmalen.

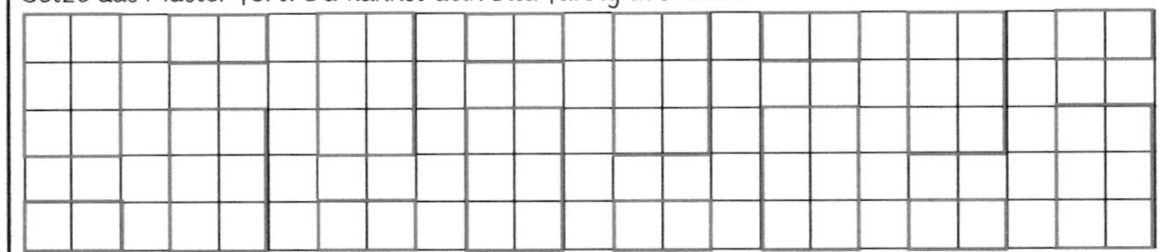

Mittwoch erledigt □ kontrolliert □

A Immer 217 weiter.
509 – 726 – 943 – 1160 – 1377 – 1594 – 1811

B Immer 195 weiter.
537 – 732 – 927 – 1122 – 1317 – 1512 – 1707

C Immer 368 weiter.
826 – 1194 – 1562 – 1930 – 2298 – 2666 – 3034

Donnerstag erledigt □ kontrolliert □

Miss die Strecken und vergleiche deine Messung mit den Lösungen. Aus den Kennbuchstaben der richtigen Lösungen ergibt sich das Lösungswort.

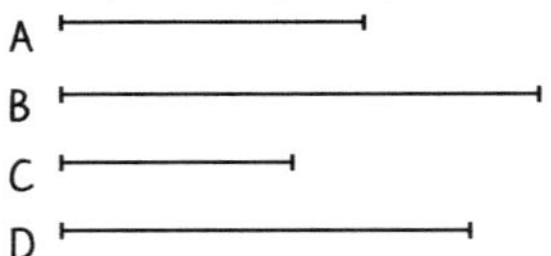

(R) 30 mm
(E) 48 mm
(I) 23 mm
(S) 40 mm

Lösungswort:

A	B	C	D
R	E	I	S

Freitag erledigt □ kontrolliert □

Kreuze die richtigen Nachbarhunderter an. Aus den Kennbuchstaben der richtigen Lösungen ergibt sich ein Lösungswort.

A			
P	7500	V	
B	**7501**	O	
L		A	7600

B			
G		N	
M	7600 **7615**	F	
S		P	7700

C			
G		L	8400
E	8300 **8372**	F	
L		E	

D			
G		U	2800
I	**2797**	F	
M	2700	E	

E			
G		T	
S	5000 **5089**	F	
L		E	5100

Lösungswort:

A		B		C		D		E	
P	A	M	P	E	L	M	U	S	E

Seite 13

Montag erledigt □ kontrolliert □

Wie viele Würfel werden jeweils benötigt? Die Kennbuchstaben der richtigen Antworten ergeben ein Lösungswort.

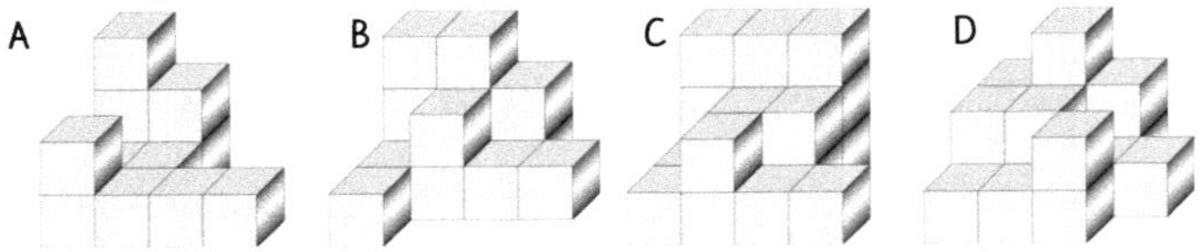

A 12 (F) B 14 (L) C 19 (U) D 17 (R)

Lösungswort:

A	B	C	D
F	L	U	R

Dienstag erledigt □ kontrolliert □

Kreuze bei jeder Aufgabe an, welche Rechnung zur Lösung der Aufgabe führt. Rechne die Aufgaben schriftlich aus.

A	3425 = 1149 +	3425
	3425 + 1149 =	− 1149
X	3425 − 1149 =	2276
B	2825 = − 1769	2825
X	2825 + 1769 =	+ 1769
	2825 − 1769 =	4594
C	− 3672 = 2381	3672
X	3672 + 2381 =	+ 2381
	3672 − 2381 =	6053
D	6213 = 3769 +	6213
	6213 + 3769 =	− 3769
X	6213 − 3769 =	2444
E	2637 = 5814 −	5814
	2637 + 5814 =	− 2637
X	5814 − 2637 =	3177
F	2843 = − 1904	2843
X	2843 + 1904 =	+ 1904
	2843 − 1904 =	4747

Mittwoch erledigt □ kontrolliert □

Multipliziere schriftlich. Die Kennbuchstaben bei den richtigen Lösungen ergeben ein Lösungswort.

A 96 · 19 = 96 + 864 = 1824 — 1824 (M)

B 73 · 27 = 146 + 511 = 1971 — 1971 (O)

C 52 · 35 = 156 + 260 = 1820 — 1820 (O)

D 75 · 43 = 300 + 225 = 3225 — 3225 (R)

Lösungswort:

A	B	C	D
M	O	O	R

Donnerstag erledigt □ kontrolliert □

Wie viel Zeit ist vergangen? Aus den Kennbuchstaben der richtigen Lösungen ergibt sich das Lösungswort.

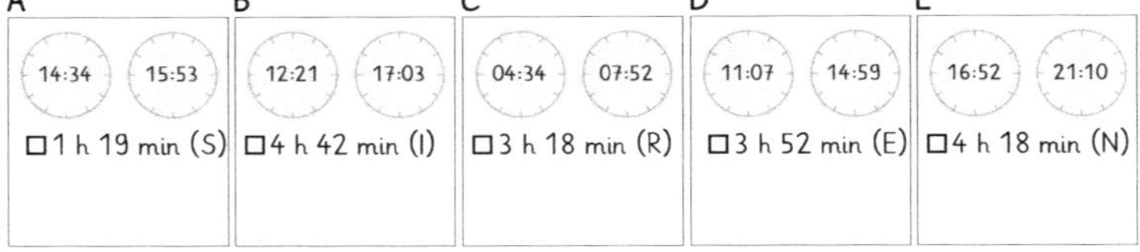

A □ 1 h 19 min (S)
B □ 4 h 42 min (I)
C □ 3 h 18 min (R)
D □ 3 h 52 min (E)
E □ 4 h 18 min (N)

Lösungswort:

A	B	C	D	E	F
S	I	R	E	N	E

Freitag erledigt □ kontrolliert □

Frau Meier geht einkaufen und hat den angegebenen Betrag in ihrem Geldbeutel. Kreuze an, wie viel Geld sie noch hat, wenn sie die in den Kästchen gezeigten Beträge gezahlt hat. Die Buchstaben hinter den richtigen Lösungen ergeben das Lösungswort.

A € 85,71 — € 32,83 / € 17,80 — € 35,08 (Z)

B € 93,41 — € 47,43 / € 39,20 — € 6,78 (A)

C € 52,18 — € 23,65 / € 19,10 — € 9,43 (H)

D € 68,57 — € 32,80 / € 17,23 — € 18,54 (L)

Lösungswort:

A	B	C	D
Z	A	H	L

Lösungen

Seite 14

Montag erledigt ☐ kontrolliert ☐

Schreibe die in der Stellentafel dargestellte Zahl mit Ziffern.

	M	HT	ZT	T	H	Z	E
A	3	5	3	0	6	5	9
B	2	4	4	3	8	7	1
C	8	0	2	6	3	9	4
D	1	5	2	3	4	0	7
E	2	3	1	0	7	3	4
F	7	5	2	2	6	8	3

Dienstag erledigt ☐ kontrolliert ☐

Ergänze die Tabellen.

A		B		C		D		E		F	
km	m	m	dm	m	cm	dm	cm	dm	mm	cm	mm
1,7	1700	2,4	24	0,72	72	4,2	42	0,07	7	6,2	62
0,27	270	12	120	57	5700	30	300	32	3200	52	520
0,03	30	0,5	5	0,02	2	390	3900	1,02	102	0,9	9
8	8000	7	70	4	400	0,7	7	7,6	760	2,8	28

Mittwoch erledigt ☐ kontrolliert ☐

Zeichne das Muster weiter. Du kannst dein Bild farbig ausmalen.

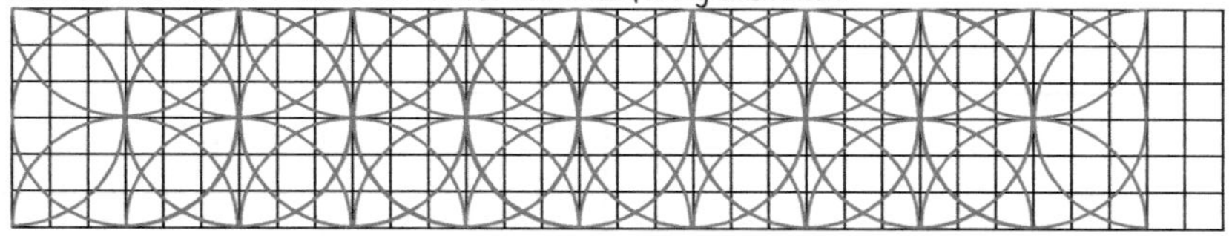

Donnerstag erledigt ☐ kontrolliert ☐

Kreuze die richtig gerundete Zahl an. Aus den Kennbuchstaben der richtigen Lösung ergibt sich ein Lösungswort.

A	6349	B	7554	C	8772	D	5379	E	7226	F	1965
S		H		L	8770	K		A	7230	M	1970
B	6350	A	7550	E		R		T		B	
C		I		H		S	5380	Z		A	

Lösungswort:

A	B	C	D	E	F
B	A	L	S	A	M

Freitag erledigt ☐ kontrolliert ☐

Den Flächeninhalt einer ebenen Figur bestimmst du, indem du die Anzahl der quadratischen Kästchen zählst, die von der Fläche bedeckt werden. Ein Kästchen hat einen Flächeninhalt von 1 cm² (sprich: ein Quadratzentimeter).

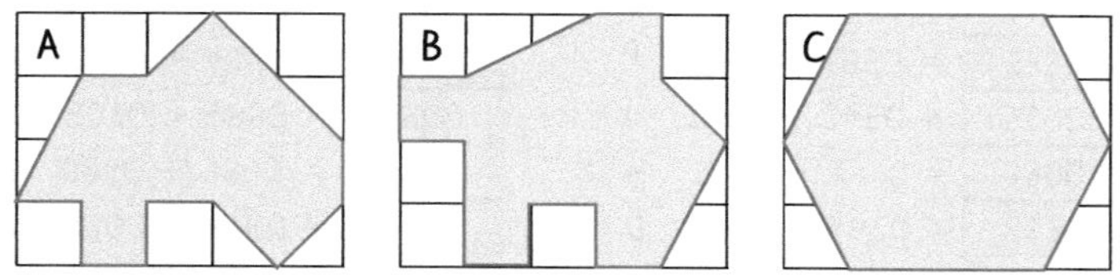

Flächeninhalt: 11,5 cm² Flächeninhalt: 12,5 cm² Flächeninhalt: 16 cm²

Seite 15

Montag erledigt ☐ kontrolliert ☐

Rechne die Aufgaben schriftlich. Kreuze die passende Antwort an. Aus den Kennbuchstaben der richtigen Lösung ergibt sich ein Lösungswort.

A 3974 − 2632 = 1342 ☐1342 (P)
B 3552 − 1421 = 2131 ☐2131 (R)
C 5574 − 2433 = 3141 ☐3141 (I)
D 7365 − 3243 = 4122 ☐4122 (N)
E 8497 − 5374 = 3123 ☐3123 (Z)

A	B	C	D	E
P	R	I	N	Z

Dienstag erledigt ☐ kontrolliert ☐

Rechne die Aufgaben schriftlich. Kreuze die passende Antwort an. Aus den Kennbuchstaben der richtigen Lösung ergibt sich ein Lösungswort.

A 3174 + 1622 = 4796 ☐4796 (S)
B 5135 + 1652 = 6787 ☐6787 (T)
C 4562 + 1435 = 5997 ☐5997 (R)
D 4547 + 2431 = 6978 ☐6978 (O)
E 2155 + 4732 = 6887 ☐6887 (M)

A	B	C	D	E
S	T	R	O	M

Mittwoch erledigt ☐ kontrolliert ☐

Übertrage die Kettenaufgaben aus der Tabelle in die freien Felder und rechne sie im Kopf aus.

+	3700	2100	900	1800	−
1200	J		B		1500
2300		F	A	D	
3100	G	I			1900
4500	C	H		E	

A	2300 + 900 − 1500 = 1700
B	1200 + 900 − 1500 = 600
C	4500 + 3700 − 1900 = 6300
D	2300 + 1800 − 1500 = 2600
E	4500 + 1800 − 1900 = 4400
F	2300 + 2100 − 1500 = 2900
G	3100 + 3700 − 1900 = 4900
H	4500 + 2100 − 1900 = 4700
I	3100 + 2100 − 1900 = 3300
J	1200 + 3700 − 1500 = 3400

Donnerstag erledigt ☐ kontrolliert ☐

Bestimme die Uhrzeit. Die Buchstaben der richtigen Lösungen ergeben das Lösungswort.

	Uhr	Wie spät ist es in	Lösung
A	23:25	3 h 46 min?	☐03:11 (P)
B	17:06	2 h 15 min?	☐19:21 (A)
C	08:52	3 h 12 min?	☐12:04 (M)
D	10:36	4 h 39 min?	☐15:15 (P)
E	20:09	2 h 36 min?	☐22:45 (E)

A	B	C	D	E
P	A	M	P	E

Freitag erledigt ☐ kontrolliert ☐

Kreuze die am Zahlenstrahl angezeigte Zahl an. Aus den Kennbuchstaben der Lösungen ergibt sich ein Lösungswort.

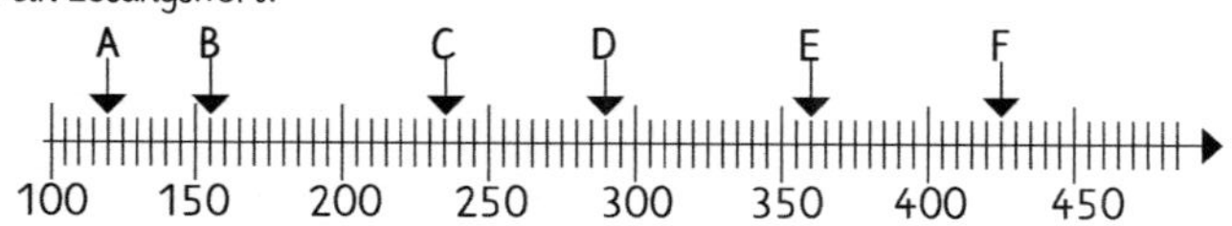

A ☐120 (S) B ☐155 (O) C ☐235 (R) D ☐290 (B) E ☐360 (E) F ☐425 (T)

Lösungswort:

A	B	C	D	E	F
S	O	R	B	E	T

Lösungen

Seite 16

Montag erledigt ☐ kontrolliert ☐

Rechne die Aufgaben aus und schreibe die Lösungen in die freien Felder.

A	3300 + 4780 =	8080	G	4250 + 4620 =	8870
B	5860 + 3970 =	9830	H	1590 + 8310 =	9900
C	3070 + 4890 =	7960	I	3050 + 2450 =	5500
D	2550 + 4170 =	6720	J	7830 + 1950 =	9780
E	3830 + 2020 =	5850	K	1740 + 6720 =	8460
F	2800 + 6720 =	9520	L	5650 + 1360 =	7010

Dienstag erledigt ☐ kontrolliert ☐

Dividiere schriftlich.

A
245 : 7 = 35
21
 35
 35
  0

B
392 : 4 = 98
36
 32
 32
  0

C
315 : 5 = 63
30
 15
 15
  0

D
648 : 9 = 72
63
 18
 18
  0

Mittwoch erledigt ☐ kontrolliert ☐

Ergänze die Zeichnung so, dass eine symmetrische Figur entsteht.

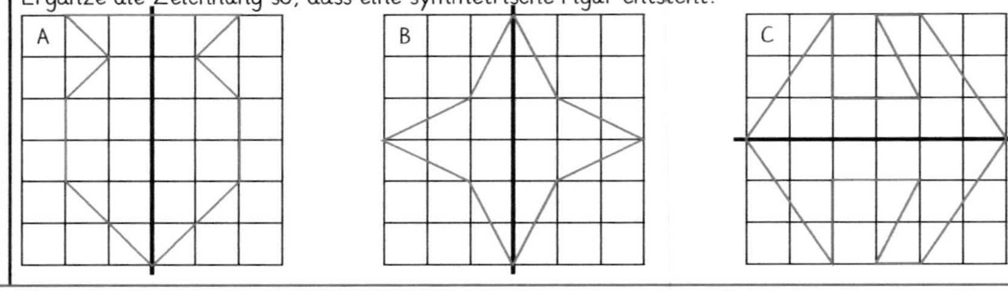

Donnerstag erledigt ☐ kontrolliert ☐

Gib jeweils den Vorgänger und Nachfolger der dargestellten Zahl an.

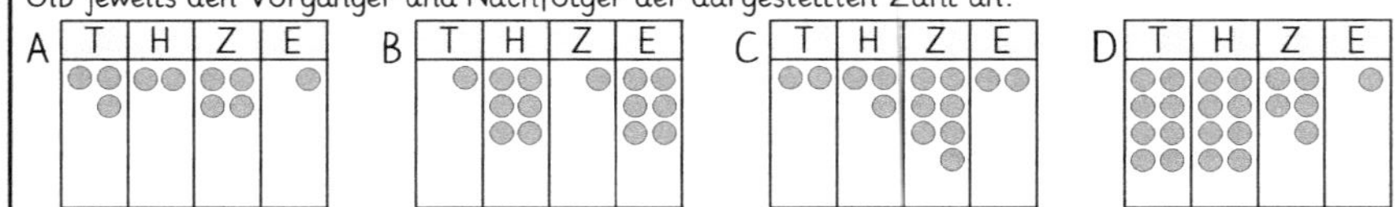

	A	B	C	D
Vorgänger	3240	1615	2371	8850
Nachfolger	3242	1617	2373	8852

Freitag erledigt ☐ kontrolliert ☐

Schreibe jeweils mit Ziffern in die Stellenwerttafel.

A einhundertzweiunddreißigtausendsiebenundvierzig
B neunhundertachtzigtausendsiebenhundertsechsundsechzig
C einhundertvierundsechzigtausenddreihunderteinundsiebzig
D dreihunderteinundsiebzigtausendeinhundertsiebenunddreißig
E zweihundertfünfzigtausendsiebenhundertsechsundvierzig
F einhundertfünfundneunzigtausendfünfhundertfünfzig
G sechshundertzwanzigtausenddreihundertneunundfünfzig

	HT	ZT	T	H	Z	E
A	1	3	2	0	4	7
B	9	8	0	7	6	6
C	1	6	4	3	7	1
D	3	7	1	1	3	7
E	2	5	0	7	4	6
F	1	9	5	5	5	0
G	6	2	0	3	5	9

Seite 17

Montag erledigt ☐ kontrolliert ☐

Fülle die Rechenketten aus.

A Wenn ich eine Zahl durch 6 teile und von dem Ergebnis 25 abziehe, erhalte ich 16.
246 →(:6) 41 →(−25) 16

B Wenn ich eine Zahl mit 5 malnehme und zu dem Ergebnis 17 addiere, erhalte ich 62.
9 →(·5) 45 →(+17) 62

C Wenn ich eine Zahl mit 6 malnehme und zu dem Ergebnis 12 addiere, erhalte ich 72.
10 →(·6) 60 →(+12) 72

D Wenn ich eine Zahl durch 5 teile und von dem Ergebnis 83 subtrahiere, erhalte ich 5.
440 →(:5) 88 →(−83) 5

Dienstag erledigt ☐ kontrolliert ☐

Schreibe die Geldbeträge stellengerecht untereinander und addiere sie.

A	B	C	D
24,85 € + 319,12 €	135,08 € + 281,57 €	66,98 € + 152,46 €	397,14 € + 249,87 €
24,85 €	135,08 €	66,98 €	397,14 €
+ 319,12 €	+ 281,57 €	+ 152,46 €	+ 249,87 €
343,97 €	416,65 €	219,44 €	647,01 €

Mittwoch erledigt ☐ kontrolliert ☐

Wie sieht der Bauplan des jeweiligen Würfelgebäudes aus?

Donnerstag erledigt ☐ kontrolliert ☐

Aus wie vielen Flächen bestehen die abgebildeten Körper?

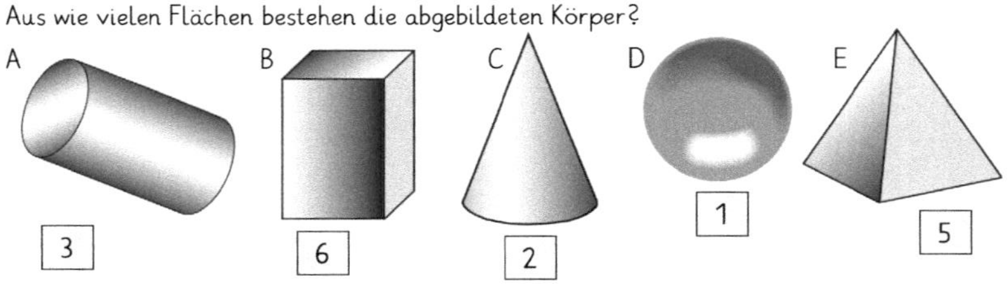

Freitag erledigt ☐ kontrolliert ☐

Welche Maßeinheit (t, kg, g, mg) würdest du für die abgebildeten Dinge wählen? Die Kennbuchstaben bei den richtigen Antworten ergeben ein Lösungswort.

A ☐ kg (N) B ☐ g (I) C ☐ t (Z) D ☐ g (Z) E ☐ g (A)

Lösungswort:

A	B	C	D	E
N	I	Z	Z	A

Lösungen

Seite 18

Montag erledigt ☐ kontrolliert ☐

Drehe die Figur um jeweils drei Teilstriche (30°) weiter. Du kannst dein fertiges Bild farbig anlegen.

A
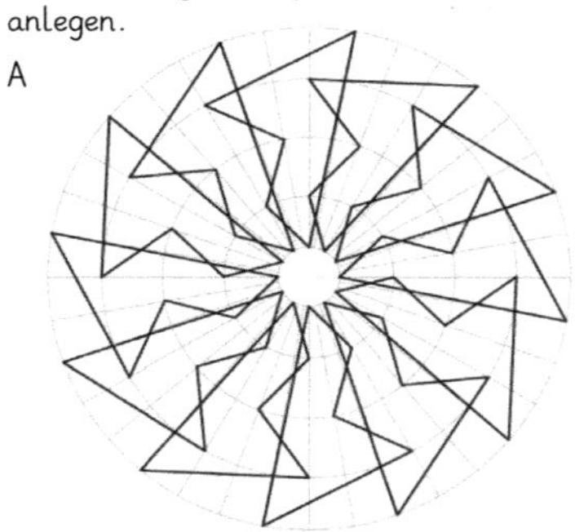

B

Dienstag erledigt ☐ kontrolliert ☐

Buchstaben können senkrechte und / oder waagerechte Symmetrieachsen haben. Entscheide.

A **A** senkrecht (E)
B **D** waagerecht (N)
C **M** senkrecht (K)
D **C** waagerecht (E)
E **I** beides (L)

A	B	C	D	E
E	N	K	E	L

Mittwoch erledigt ☐ kontrolliert ☐

Setze < , > oder = richtig in die Kästchen ein.

364 + 236 = 600	35 Cent = 0,35 €	7380 kg > 7,3 t
81 mm > 8 cm	88 – 13 < 76	519 + 280 > 780
8 H 7 Z 2 E > 871	89 + 23 = 112	5,76 € > 567 Cent
85 – 20 < 70	55 : 9 = 6 R 1	84 cm < 0,9 m

Donnerstag erledigt ☐ kontrolliert ☐

Rechne die Meterangaben in Zentimeter um und multipliziere. Anschließend wandelst du das Ergebnis in Meter um.

A 6,74 m · 7

6	7	4	cm	·	7
	4	7	1	8	cm
	4	7,	1	8	m

B 27,18 m · 6

2	7	1	8	cm	·	6
	1	6	3	0	8	cm
	1	6	3,	0	8	m

C 8,17 m · 8

8	1	7	cm	·	8	
	6	5	3	6	cm	
	6	5,	3	6	m	

Freitag erledigt ☐ kontrolliert ☐

Miss die folgenden abgebildeten Gegenstände auf den Millimeter genau ab.

A

53 mm

B

27 mm

C

37 mm

D

25 mm

E

45 mm

47 mm

Seite 19

Montag erledigt ☐ kontrolliert ☐

Spiegele das vorgegebene Muster an der senkrechten Achse und anschließend beide Muster an der waagerechten Achse. Du kannst dein Bild farbig anlegen.

A
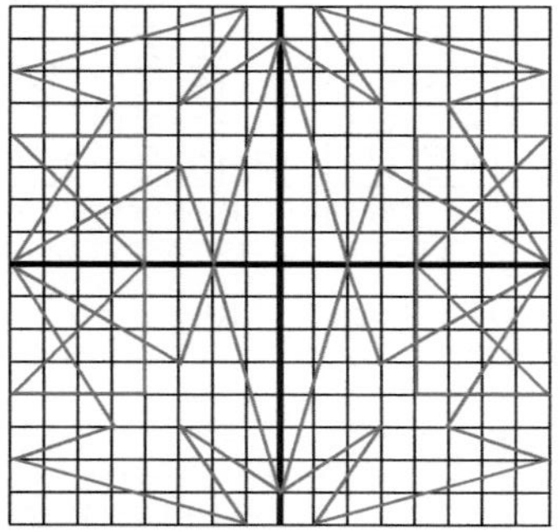

B
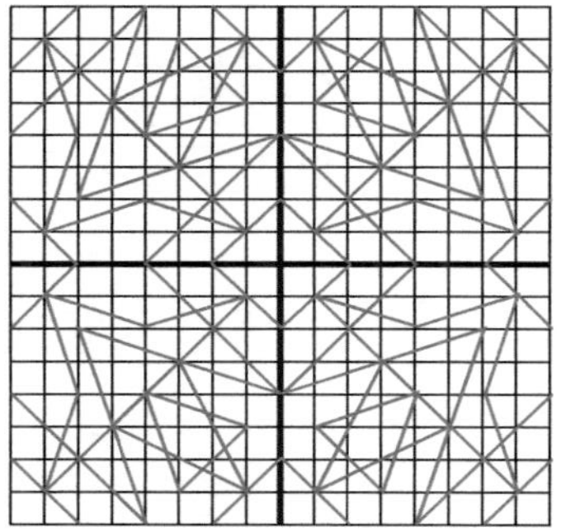

Dienstag erledigt ☐ kontrolliert ☐

Setze die Zahlen so in die Zahlenmauer ein, dass zwei Zahlen, die nebeneinander stehen, zusammengezählt immer die Zahl darüber ergeben. Löse die Aufgabe zunächst auf einem Zettel oder im Heft und übertrage dann deine Lösung in diese Zahlenmauer.

7903
3768 | 4135
1780 | 1988 | 2147
872 | 908 | 1080 | 1067
439 | 433 | 475 | 605 | 462
153 | 286 | 147 | 328 | 277 | 185

Mittwoch erledigt ☐ kontrolliert ☐

Gib jeweils den Vorgänger und Nachfolger an.

A	11218	11219	11220	B	19899	19900	19901
C	69999	70000	70001	D	71700	71701	71702
E	99188	99189	99190	F	30779	30780	30781
G	30358	30359	30360	H	17910	17911	17912

Donnerstag erledigt ☐ kontrolliert ☐

Multipliziere mit der Zahl in der Mitte und fülle die leeren Felder aus.

A (· 8): 150 → 1200, 210 → 1680, 630 → 5040, 370 → 2960, 520 → 4160, 940 → 7520, 420 → 3360, 770 → 6160

B (· 5): 160 → 800, 230 → 1150, 690 → 3450, 320 → 1600, 570 → 2850, 910 → 4550, 440 → 2200, 780 → 3900

C (· 7): 190 → 1330, 220 → 1540, 640 → 4480, 360 → 2520, 530 → 3710, 980 → 6860, 450 → 3150, 710 → 4970

Freitag erledigt ☐ kontrolliert ☐

Dividiere und schreibe den Rest dazu.

A

:	16
62	3 R 14
85	5 R 5
131	8 R 3
145	9 R 1

B

:	14
62	4 R 6
85	6 R 1
131	9 R 5
145	10 R 5

C

:	17
62	3 R 11
85	5 R 0
131	7 R 12
145	8 R 9

D

:	13
62	4 R 10
85	6 R 7
131	10 R 1
145	11 R 2

Lösungen

Seite 20

Montag erledigt ☐ kontrolliert ☐

Spiegele das vorgegebene Muster zuerst an der diagonalen Achse dann an der senkrechten und schließlich beide Muster an der waagerechten Achse. Du kannst dein Bild farbig anlegen

A
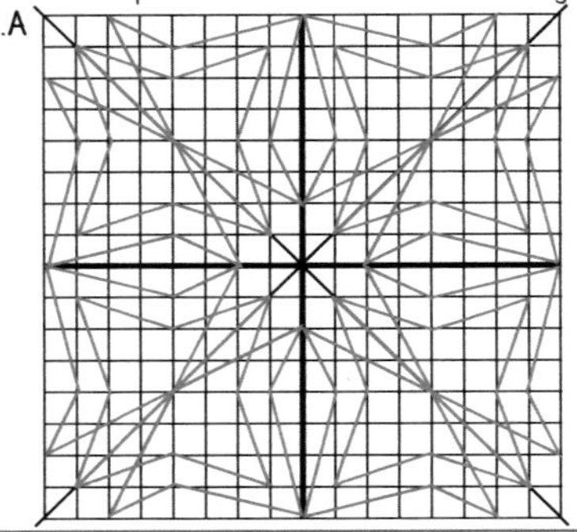

B
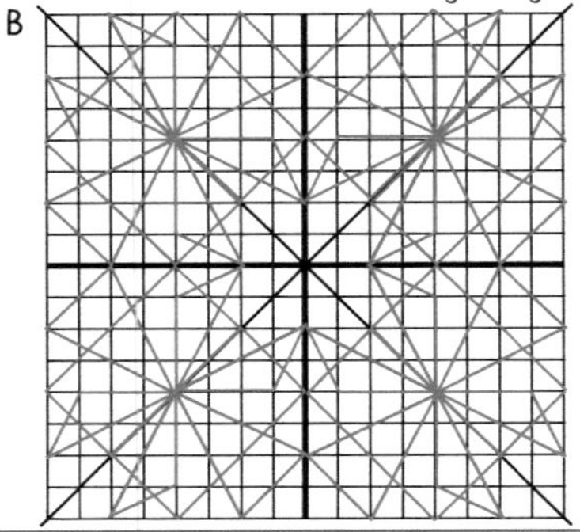

Dienstag erledigt ☐ kontrolliert ☐

Bestimme die Anzahl der Ecken der abgebildeten Körper. Die Buchstaben der richtigen Lösungen ergeben das Lösungswort.

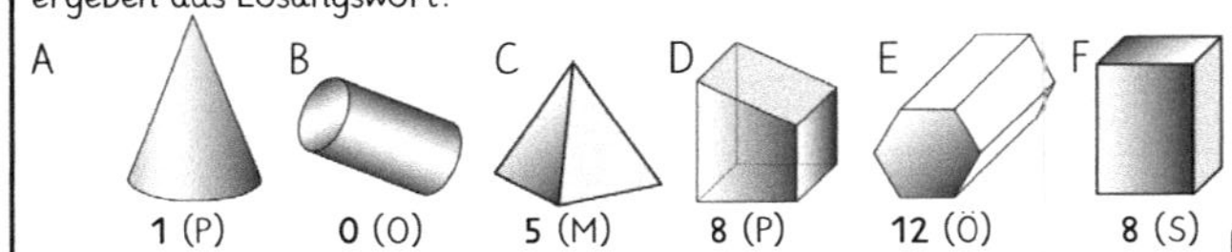

A: 1 (P) | B: 0 (O) | C: 5 (M) | D: 8 (P) | E: 12 (Ö) | F: 8 (S)

Lösungswort:

A	B	C	D	E	F
P	O	M	P	Ö	S

Mittwoch erledigt ☐ kontrolliert ☐

Rechne die Aufgaben aus und schreibe die Lösungen in die freien Felder unter den Aufgaben.

A 11 15 23 – kleinste Zahl mal größte Zahl minus mittlere Zahl: **238**

B 12 14 28 – mittlere Zahl mal größte Zahl plus kleinste Zahl: **404**

C 9 37 21 – größte Zahl mal mittlere Zahl minus kleinste Zahl: **768**

D 19 17 26 – größte Zahl mal mittlere Zahl minus kleinste Zahl: **477**

Donnerstag erledigt ☐ kontrolliert ☐

Vervollständige die Plustreppen so, dass zwei Zahlen in Feldern, die nebeneinander stehen, zusammengezählt immer die Zahl im oberen Nachbarfeld ergeben.

A

24190
13627 | 10563
7276 | 6351
5137 | 4212
2998 | 2139 | 2073

B

31982
18180 | 13802
9570 | 6810
6152 | 5192
2734 | 3418 |

Freitag erledigt ☐ kontrolliert ☐

Welche Zahl ist mit Rest geteilt worden?

:	**16**
92	5 R 12
99	6 R 3
149	9 R 5

:	**14**
104	7 R 6
71	5 R 1
173	12 R 5

:	**17**
113	6 R 11
139	8 R 3
167	9 R 14

:	**13**
97	7 R 6
125	9 R 8
145	11 R 2

Seite 21

Montag erledigt ☐ kontrolliert ☐

Übertrage die Buchstaben unten in die freien Gitterfelder. Male das fertige Bild dann in deinen Lieblingsfarben aus.

Dienstag erledigt ☐ kontrolliert ☐

Welche Figur hat den größeren Flächeninhalt? Zähle die Kästchen und kreuze die richtige Lösung an.

A
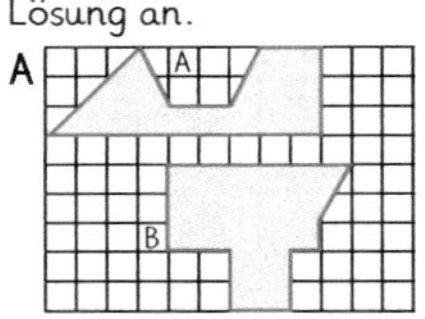

A ○ B ⊗

B
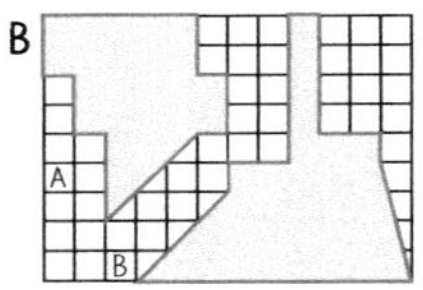

A ○ B ⊗

C
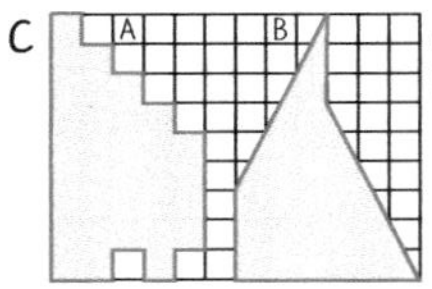

A ⊗ B ○

Mittwoch erledigt ☐ kontrolliert ☐

Frau Meier hat eingekauft. Was muss sie bezahlen?

A Betrag:	8,60 €
1 Kopfsalat	1,15 €
6 Tomaten	1,53 €
Petersilie	0,65 €
Äpfel	2,29 €
Kartoffeln	2,98 €

B Betrag:	8,67 €
Müsli	1,99 €
Leberkäse	1,69 €
Zitronen	0,99 €
Nektarinen	1,21 €
Salami	2,79 €

C Betrag:	10,45 €
Kaffee	6,99 €
Leberkäse	1,69 €
Camembert	0,49 €
Zitronen	0,99 €
Joghurt	0,29 €

D Betrag:	5,01 €
Camembert	0,49 €
Zitronen	0,99 €
Nektarinen	1,21 €
6 Tomaten	1,53 €
Zwiebeln	0,79 €

Donnerstag erledigt ☐ kontrolliert ☐

Trage die Zahlen, die genau in der Mitte zwischen den beiden angegebenen Zahlen stehen, in die grauen Kästchen ein.

A 11 – **17** – 23
B 122 – **134** – 146
C 197 – **205** – 213
D 122 – **159** – 196
E 207 – **233** – 259
F 83 – **105** – 127

Freitag erledigt ☐ kontrolliert ☐

Subtrahiere schriftlich und finde das Lösungswort.

A				
	6	4	7	0
-		9	5	7
-	1	2	4	6
	4	2	6	7

4267 (B)

B				
	9	1	5	4
-	1	8	6	4
-	1	1	7	4
	6	1	1	6

6116 (Ü)

C				
	8	6	0	7
-	1	8	4	7
-	1	1	6	5
	5	5	9	5

5595 (H)

D				
	7	5	9	8
-	2	6	7	9
-	3	1	2	9
	1	7	9	0

1790 (N)

E				
	7	4	8	3
-	2	0	1	8
-	1	4	2	5
	4	0	4	0

4040 (E)

Lösungswort:

A	B	C	D	E
B	Ü	H	N	E

KOHL VERLAG Lernen mit Erfolg – Wochenplan Mathematik / 4. Schuljahr – Bestell-Nr. 11 400

Lösungen

Seite 22

Montag erledigt ☐ kontrolliert ☐

Rechne die Aufgaben aus.

A 5 • 900 + 180 =	4680	F 7 • 800 + 700 =	6300
B 9 • 300 + 570 =	3270	G 9 • 800 + 500 =	7700
C 5 • 600 + 400 =	3400	H 5 • 350 + 150 =	1900
D 6 • 350 + 750 =	2850	I 6 • 700 + 300 =	4500
E 4 • 700 + 270 =	3070	J 4 • 250 + 100 =	1100

Dienstag erledigt ☐ kontrolliert ☐

Kreuze die richtig gerundete Zahl an. Aus den Kennbuchstaben der richtigen Antwort ergibt sich ein Lösungswort.

A	63579	B	75004	C	84451	D	22329	E	54999
				U	80000	S	20000		
		E	80000						
R	60000							E	50000

Lösungswort:

A	B	C	D	E
R	E	U	S	E

Mittwoch erledigt ☐ kontrolliert ☐

Was erhältst du, wenn du das Netz vervollständigst: Würfel oder Quadernetz? Trage in die Kästchen ein.

A B C D E

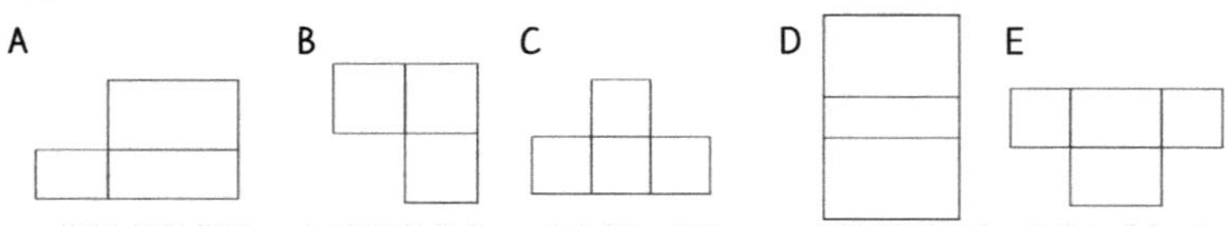

A	B	C	D	E
Quadernetz	Würfelnetz	Würfelnetz	Quadernetz	Quadernetz

Donnerstag erledigt ☐ kontrolliert ☐

Kreuze den Körper an, den du in den Abbildungen entdeckst. Aus den Kennbuchstaben der richtigen Antworten ergibt sich ein Lösungswort.

A 

T	Zylinder

B 

A	Kegel

C 

I	Kugel

D 

G	Quader

E 

A	Prisma

A	B	C	D	E
T	A	I	G	A

Freitag erledigt ☐ kontrolliert ☐

Wandle in die angegebene Einheit um.

A	B	C
500 g = 0,5 kg	5 t = 5000 kg	50 kg = 0,05 t
0,2 t = 200 kg	0,2 kg = 200 g	0,2 g = 200 mg
55000 mg = 0,055 kg	70 kg = 70000 g	45000 kg = 45 t
300 mg = 0,3 g	0,15 t = 150 kg	900 mg = 0,9 g
7200 g = 7,2 kg	750 mg = 0,75 g	72 mg = 0,072 g
0,002 t = 2000 g	0,003 kg = 3 g	0,01 t = 10 kg

Seite 23

Montag erledigt ☐ kontrolliert ☐

Rechne die Aufgaben aus und schreibe die Lösungen unter die Aufgaben.

A	B	C	D
759 + 576 = 1335	879 + 654 = 1533	775 + 598 = 1373	646 + 385 = 1031

E	F	G	H
647 + 565 = 1212	579 + 656 = 1235	486 + 657 = 1143	597 + 835 = 1432

Dienstag erledigt ☐ kontrolliert ☐

Entscheide, ob die beiden Geraden senkrecht aufeinander stehen oder parallel verlaufen. Die Buchstaben bei den richtigen Lösungen ergeben ein Lösungswort.

A 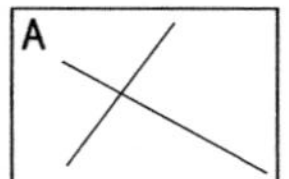
B 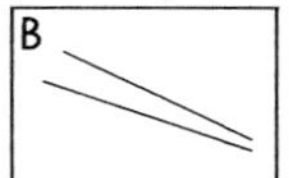
C 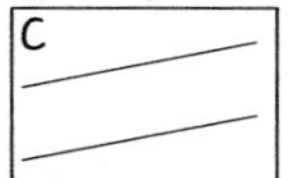
D 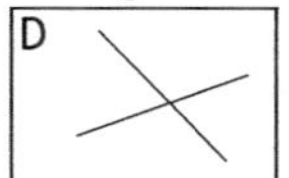
E 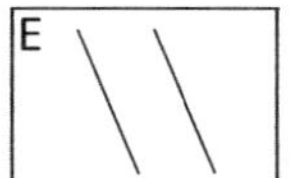

A	B	C	D	E
P weder noch	A weder noch	P parallel	S weder noch	T parallel

Lösungswort:

A	B	C	D	E
P	A	P	S	T

Mittwoch erledigt ☐ kontrolliert ☐

Trage den Namen der Körper in die Felder ein.

Würfel	Kugel	Kegel	Quader	Prisma	Pyramide

Donnerstag erledigt ☐ kontrolliert ☐

Ermittle, welche Zahl im letzten Feld steht.

A 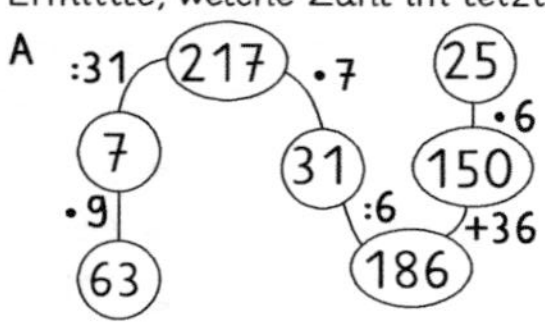

B 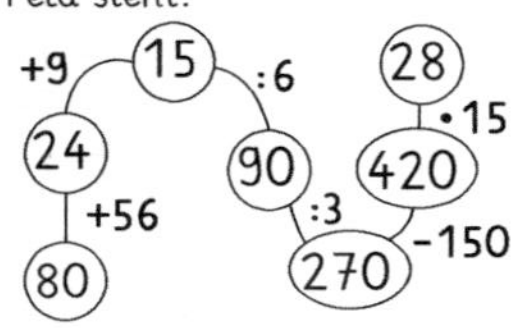

C 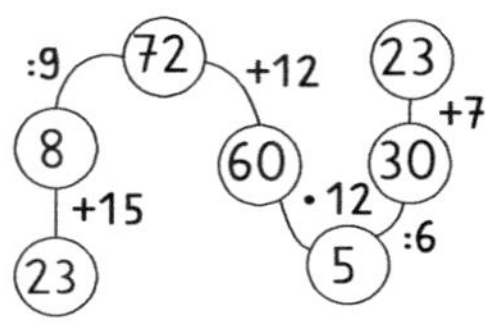

Freitag erledigt ☐ kontrolliert ☐

Ergänze die Rechendreiecke, indem du zwei benachbarte Zahlen im Dreieck addierst.

A 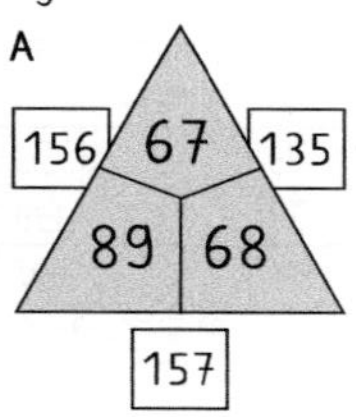

B 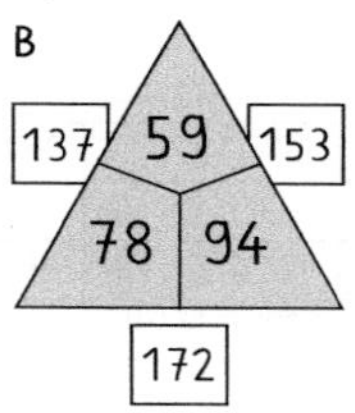

C 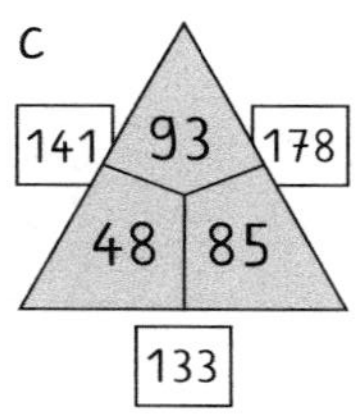

D 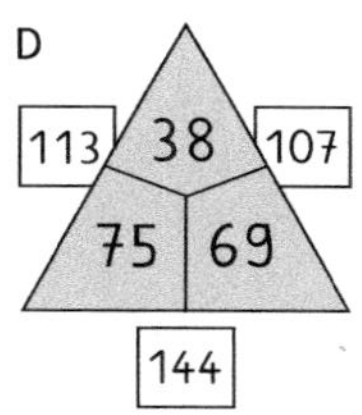

Lösungen

Seite 24

Montag erledigt ☐ kontrolliert ☐

Berechne.

A Ein Bus startet um 9:12 Uhr und fährt bis 15:27 Uhr. Wie lange war er unterwegs?

6 h 15 min

B Uwe fährt 2 h und 25 min mit dem Zug. Abfahrt war um 12:47 Uhr. Wann kommt er an?

15:12 Uhr

C Wie viel Zeit ist vergangen an diesem Vormittag?

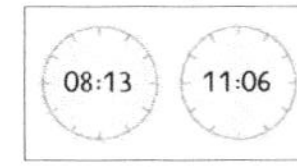

2 h 53 min

Dienstag erledigt ☐ kontrolliert ☐

Rechne die Aufgaben aus und schreibe die Lösungen in die freien Felder.

A	8300 - 4780 =	3520
B	5860 - 3970 =	1890
C	7070 - 4890 =	2180
D	6550 - 4170 =	2380
E	4830 - 2020 =	2810
F	9800 - 6720 =	3080
G	7250 - 4620 =	2630
H	9590 - 5310 =	4280
I	5050 - 2450 =	2600
J	7830 - 1950 =	5880
K	5740 - 2720 =	3020
L	5650 - 1360 =	4290

Mittwoch erledigt ☐ kontrolliert ☐

Zeichne das Muster weiter. Du kannst dein Bild farbig ausmalen.

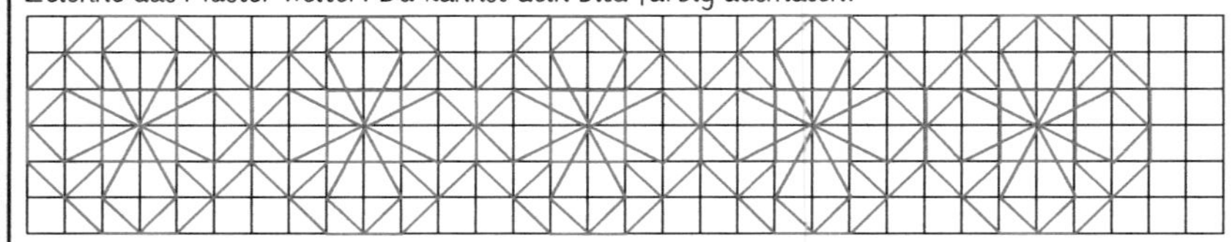

Donnerstag erledigt ☐ kontrolliert ☐

Rechne mit Geld.

Adam kauft:

70 Cent

Er bezahlt mit:

Rückgeld? 1,30 €

Kai kauft:

17,35 €

Er bezahlt mit:

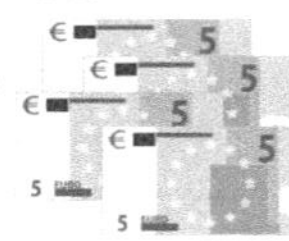

Rückgeld? 2,65 €

Heide kauft:

2,73 €

Sie bezahlt mit:

Rückgeld? 1,27 €

Freitag erledigt ☐ kontrolliert ☐

Wie viele Kinder sind jeweils in den Klassenstufen? Trage die Anzahl in die Felder ein.

A Mädchen | Jungen

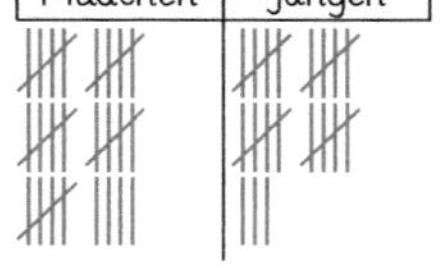

52 Kinder

B Mädchen | Jungen

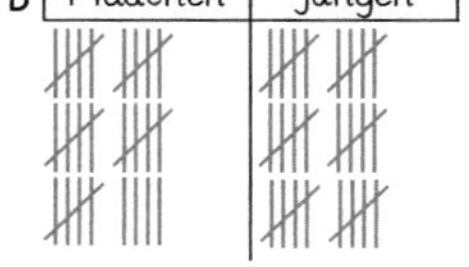

59 Kinder

C Mädchen | Jungen

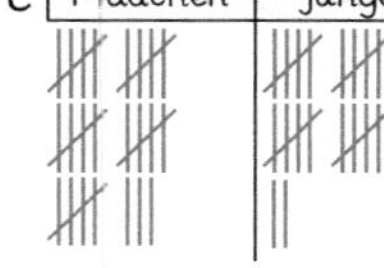

50 Kinder

Seite 25

Montag erledigt ☐ kontrolliert ☐

Miss die angegebenen Streckenzüge aus.

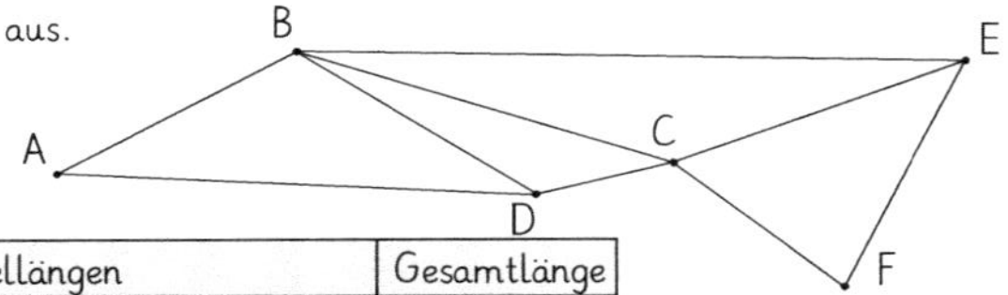

Streckenzug	Einzellängen			Gesamtlänge
ABDC	AB 2,8 cm	BD 2,9 cm	DC 1,5 cm	7,2 cm
BEFC	BE 6,8 cm	EF 2,7 cm	FC 2,2 cm	11,7 cm
FECB	FE 2,7 cm	EC 3,2 cm	CB 4,0 cm	9,9 cm

Dienstag erledigt ☐ kontrolliert ☐

Fülle die Kästchen mit den richtigen Zahlen.

A 150 → ·2 → 300 → +60 → 360 → :4 → 90 → ·8 → **720**

B 80 → ·3 → 240 → -20 → 220 → :11 → 20 → ·5 → **100**

C 75 → ·4 → 300 → +90 → 390 → :13 → 30 → ·7 → **210**

D 450 → :9 → 50 → -2 → 48 → :12 → 4 → ·15 → **60**

E 78 → ·3 → 234 → +6 → 240 → :4 → 60 → ·3 → **180**

Mittwoch erledigt ☐ kontrolliert ☐

Subtrahiere jeweils von der größeren die kleinere Zahl.

A
92318 | 47549 | 31284 | 22365
44769 | 16265 | 8919
28504 | 7346
21158

B
99712 | 52135 | 22177 | 7125
47577 | 29958 | 15052
17619 | 14906
2713

Donnerstag erledigt ☐ kontrolliert ☐

Rechne jede Aufgabe im Kopf. Verbinde die Aufgabe mit der zugehörigen Lösungszahl. Aus den Kennbuchstaben der richtigen Antworten ergibt sich ein Lösungswort.

A 3124 - 837 = → 2287 FO / 2187 SY / 2177 PR

B 4317 - 689 = → 3428 HE / 3528 OV / 3628 RS

C 2351 - 794 = → 1457 MO / 1557 CH / 1657 RE

D 3241 - 587 = → 2654 ER / 2754 WE / 2764 RE

Lösungswort:

A	B	C	D
FO	RS	CH	ER

Freitag erledigt ☐ kontrolliert ☐

Zerlege die Zahlen und trage deine Ergebnisse in die Kästchen ein.

A 9000	B 36000	C 16200	D 9600
2 · 4500	3 · 12000	6 · 2700	5 · 1920
5 · 1800	4 · 9000	9 · 1800	6 · 1600
15 · 600	12 · 3000	15 · 1080	8 · 1200
30 · 300	50 · 720	20 · 810	20 · 480

Lösungen

Seite 26

Montag erledigt ☐ kontrolliert ☐

Rechne die Aufgaben aus und verbinde die Aufgaben mit den zugehörigen Lösungen.

A 6 • 750 + 190 =	4690		F 7 • 850 + 470 =	6420
B 9 • 260 + 570 =	2910		G 9 • 320 + 540 =	3420
C 5 • 460 + 400 =	2700		H 5 • 390 + 190 =	2140
D 6 • 750 + 150 =	4650		I 6 • 760 + 340 =	4900
E 4 • 830 + 280 =	3600		J 4 • 550 + 490 =	2690

Dienstag erledigt ☐ kontrolliert ☐

Färbe den angegebenen Teil der Abbildungen ein.

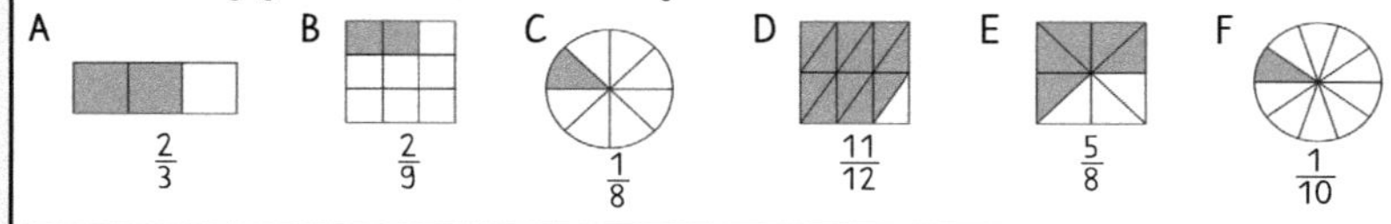

Mittwoch erledigt ☐ kontrolliert ☐

Zeichne das Muster weiter. Du kannst dein Bild farbig ausmalen.

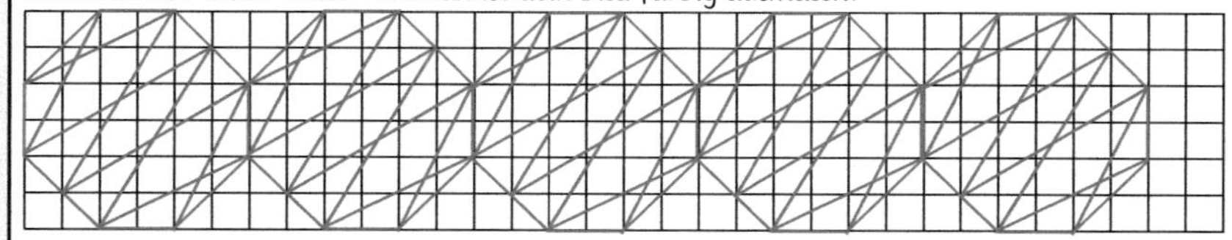

Donnerstag erledigt ☐ kontrolliert ☐

Ergänze die Tabelle.

A		B		C		D		E		F	
Wochen	Tage	Jahre	Monate	h	min	min	s	Tage	h	h	s
7	49	4	48	3	180	4	240	3	72	0,5	1800
13	91	10	120	32	1920	6	360	12	288	1	3600
12	84	7	84	7	420	14	840	14	336	0,25	900
15	105	5	60	15	900	16	960	31	744	1,5	5400

Freitag erledigt ☐ kontrolliert ☐

Den Flächeninhalt einer ebenen Figur bestimmst du, indem du die Anzahl der quadratischen Kästchen zählst, die von der grauen Fläche bedeckt werden. Ein Kästchen hat einen Flächeninhalt von 1 cm² (sprich: ein Quadratzentimeter).

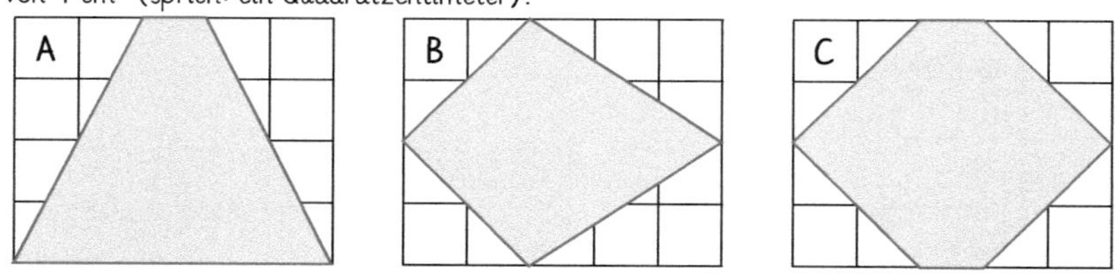

Flächeninhalt: 12 cm² — Flächeninhalt: 10 cm² — Flächeninhalt: 12 cm²

Seite 27

Montag erledigt ☐ kontrolliert ☐

Ermittle, welche Zahl im letzten Feld steht.

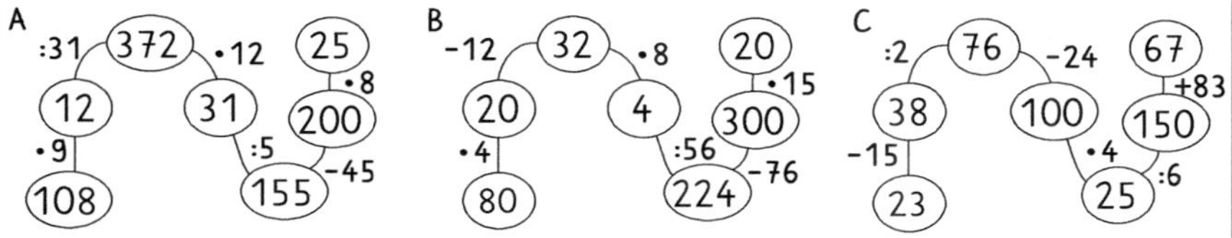

Dienstag erledigt ☐ kontrolliert ☐

Wie sieht das Würfelgebäude aus der angegebenen Sicht aus? Schwärze entsprechende Felder.

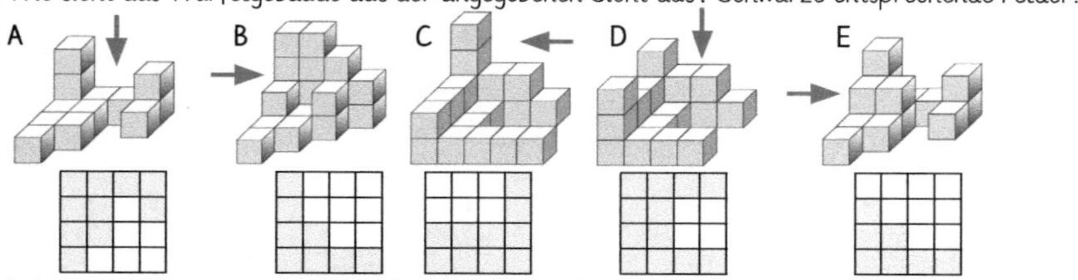

Mittwoch erledigt ☐ kontrolliert ☐

Zeichne eine weitere Fläche ein, die den gleichen Flächeninhalt hat.

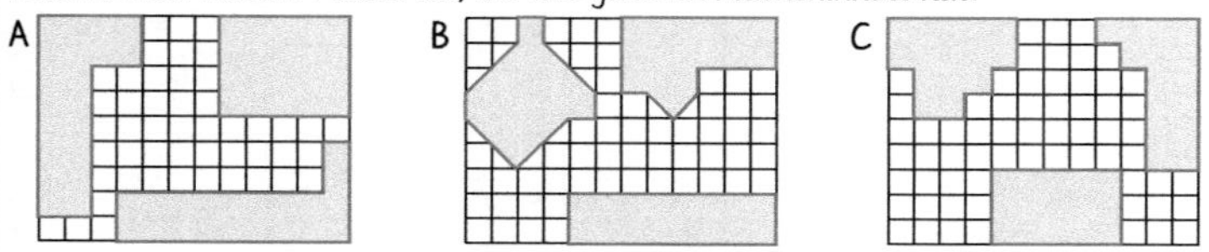

Donnerstag erledigt ☐ kontrolliert ☐

Miss die angegebenen Streckenzüge aus.

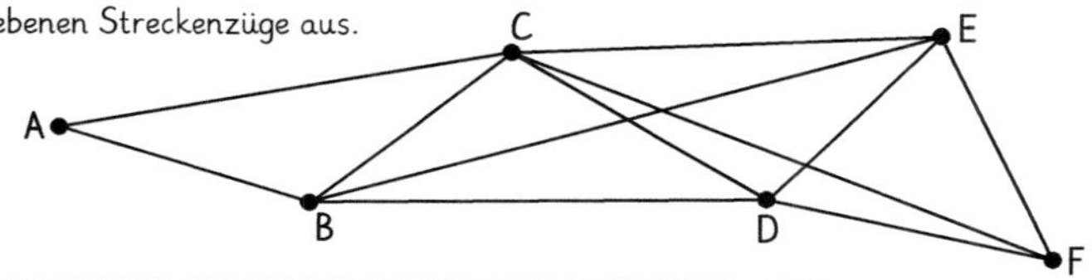

Streckenzug	Einzellängen			Gesamtlänge
ABDE	AB 3,0 cm	BD 5,2 cm	DE 2,8 cm	11,0 cm
BCEF	BC 2,9 cm	CE 4,9 cm	EF 2,9 cm	10,7 cm
ACDB	AC 5,2 cm	CD 3,4 cm	DF 3,3 cm	11,9 cm

Freitag erledigt ☐ kontrolliert ☐

Rechne die Gewichtsangaben in die nächstkleineren Einheiten um und multipliziere. Anschließend wandelst du das Ergebnis wieder in die größere Einheit um.

A 6,75 kg • 9

6	7	5	0	g	•	9	
		6	0	7	5	0	g
			6	0,	7	5	g

B 3,256 t • 7

3	2	5	6	kg	•	7	
		2	2	7	9	2	kg
		2	2,	7	9	2	t

C 8,25 g • 5

8	2	5	0	mg	•	5	
		4	1	2	5	0	mg
			4	1,	2	5	g

Lösungen

Seite 28

Montag
erledigt ☐ kontrolliert ☐

Rechne jede Aufgabe im Kopf. Verbinde die Aufgabe mit der zugehörigen Lösungszahl. Aus den Kennbuchstaben der richtigen Antworten ergibt sich ein Lösungswort.

A 63124 - 8837 =

54387	KR
54487	ZE
54287	SO

B 43253 - 5764 =

37489	MB
36489	OK
37389	HR

C 57401 - 9196 =

48205	RE
48305	GE
47305	ET

D 81117 - 4289 =

75828	TE
76828	RO
77828	LD

Lösungswort:

A	B	C	D
SO	MB	RE	RO

Dienstag
erledigt ☐ kontrolliert ☐

Verdopple jede Zahl im Kopf und schreibe deine Lösung in das freie Feld neben der Aufgabe.

A

4312	→	8624
1599	→	3198
2976	→	5952
2669	→	5338
3827	→	7654

B

2278	→	4556
4339	→	8678
3472	→	6944
2199	→	4398
1583	→	3166

Mittwoch
erledigt ☐ kontrolliert ☐

Sachaufgaben

A Petra wechselt einen 20 €-Schein in 50-Centstücke. Wie viele erhält sie?

40 50-Centstücke

B Eine Postkarte kostet 55 ct. Wie viele Postkarten bekommt man für 6,60 €?

12 Postkarten

C Ilkas Vater kauft 2,5 kg Kartoffeln, 250 g Gehacktes und ein 1,5 kg schweres Brot. Wie schwer ist der Einkaufskorb?

4,25 kg

Donnerstag
erledigt ☐ kontrolliert ☐

Multipliziere mit der Zahl in der Mitte und fülle die leeren Felder aus.

A (Mitte: ·30)

Zahl	150	210	560	370	320	640	630	290
·30	4500	6300	16800	11000	9600	19200	18900	8700

B (Mitte: ·60)

Zahl	160	270	390	120	360	210	440	230
·60	9600	16200	23400	7200	21600	12600	26400	13800

C (Mitte: ·70)

Zahl	190	220	500	110	250	170	320	150
·70	13300	15400	35000	7700	17500	11900	22400	10500

Freitag
erledigt ☐ kontrolliert ☐

Addiere die verschiedenen Maßeinheiten.

A 6,55 m + 245 cm = **9 m**
☐ 9 m (K)
☐ 90 m (B)
☐ 900 m (L)

B 1,5 m + 20 cm + 2 dm = **190 cm**
☐ 18 dm (R)
☐ 2 m (Ü)
☐ 190 cm (A)

C 4 m 33 cm + 2 m 27 cm = **6,6 m**
☐ 66 cm (Ü)
☐ 6,6 m (N)
☐ 65 dm (B)

D 0,63 m + 58 cm + 3 dm = **1,51 m**
☐ 2 m (E)
☐ 1,51 m (T)
☐ 150 cm (G)

Seite 29

Montag
erledigt ☐ kontrolliert ☐

Rechne jede Aufgabe im Kopf. Verbinde die Aufgabe mit der zugehörigen Lösungszahl. Aus den Kennbuchstaben der richtigen Antworten ergibt sich ein Lösungswort.

A 63124 + 8837 =

71861	KR
71961	ME
72961	SO

B 43253 + 5764 =

49017	DA
49117	OK
48017	HR

C 57401 + 9196 =

65597	RE
66497	GE
66597	IL

D 81117 + 4289 =

85306	TE
84406	RO
85406	LE

Lösungswort:

A	B	C	D
ME	DA	IL	LE

Dienstag
erledigt ☐ kontrolliert ☐

Halbiere jede Zahl im Kopf und schreibe deine Lösung in das freie Feld neben der Aufgabe.

A

8624	→	4312
3196	→	1598
5952	→	2976
5324	→	2662
7652	→	3826

B

4556	→	2278
8672	→	4336
6944	→	3472
4384	→	2192
3168	→	1584

Mittwoch
erledigt ☐ kontrolliert ☐

Rechne jede Aufgabe im Kopf. Verbinde die Aufgabe mit der zugehörigen Lösungszahl. Aus den Kennbuchstaben der richtigen Antworten ergibt sich ein Lösungswort.

A $\frac{1}{4}$ von 5 km =

1400 m	K
1500 m	H
1250 m	T

B $\frac{1}{2}$ von 3 dm =

15 cm	A
10 cm	Ö
18 cm	T

C $\frac{1}{5}$ von 0,6 t =

150 kg	P
120 kg	C
125 kg	L

D $\frac{1}{8}$ von 4 kg =

400 g	L
250 g	N
500 g	K

E $\frac{1}{3}$ von 1,2 t =

400 kg	E
380 kg	I
350 kg	L

F $\frac{1}{10}$ von 3 kg =

30 g	L
300 g	R
150 g	M

A	B	C	D	E	F
T	A	C	K	E	R

Donnerstag
erledigt ☐ kontrolliert ☐

Wie sieht das Würfelgebäude aus der angegebenen Sicht aus? Schwärze entsprechende Felder.

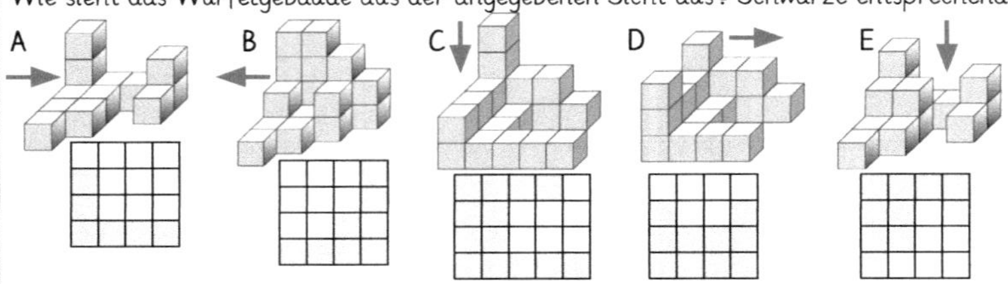

Freitag
erledigt ☐ kontrolliert ☐

Löse alle Aufgaben im Kopf und schreibe die Lösungen in die freien Felder.

A
1480 + 4520 = 6000
3725 + 2275 = 6000

B
4399 + 2601 = 7000
2921 + 4079 = 7000

C
2354 + 5646 = 8000
3860 + 4140 = 8000

Lösungen

Seite 30

Montag erledigt ☐ kontrolliert ☐

Multipliziere und fülle die leeren Felder aus.

A · 300: 47 → 14100; 17 → 5100; 23 → 6900; 32 → 9600; 27 → 8100; 44 → 13200; 25 → 7500; 15 → 4500

B · 700: 20 → 14000; 14 → 9800; 25 → 17500; 36 → 25200; 11 → 7700; 40 → 28000; 32 → 22400; 15 → 10500

C · 600: 50 → 30000; 12 → 7200; 27 → 16200; 35 → 21000; 18 → 10800; 43 → 25800; 22 → 13200; 15 → 9000

Dienstag erledigt ☐ kontrolliert ☐

Spiegele das vorgegebene Muster an der senkrechten Achse und anschließend beide Muster an der waagerechten Achse. Du kannst dein Bild farbig anlegen.

A
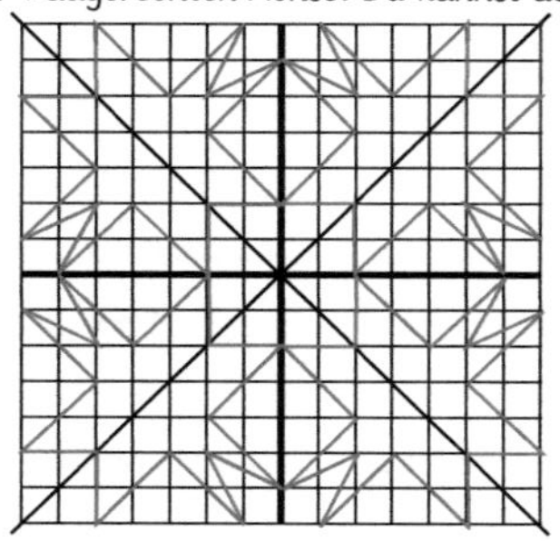
B
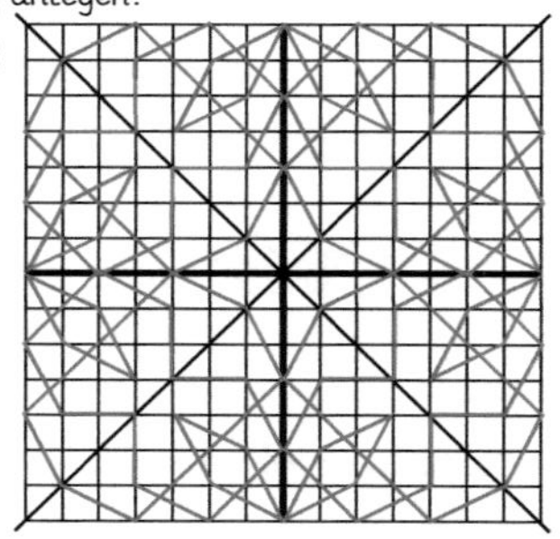

Mittwoch erledigt ☐ kontrolliert ☐

Sind diese Verkehrszeichen alle achsensymmetrisch? Die Buchstaben der richtigen Lösungen ergeben das Lösungswort.

A ☐ ja (S) B ☐ nein (A) C ☐ nein (L) D ☐ ja (Z)

Lösungswort:

A	B	C	D
S	A	L	Z

Donnerstag erledigt ☐ kontrolliert ☐

Dividiere die Zahlen. Aus den Kennbuchstaben der richtigen Lösungen ergibt sich ein Lösungswort.

A 234 : 6 → M 39
B 441 : 7 → A 63
C 172 : 4 → J 43
D 376 : 8 → O 47
E 126 : 3 → R 42
F 221 : 13 → A 16
G 207 : 9 → N 23

Lösungswort:

A	B	C	D	E	F	G
M	A	J	O	R	A	N

Freitag erledigt ☐ kontrolliert ☐

Ergänze die Rechendreiecke, indem du zwei benachbarte Zahlen im Dreieck addierst.

A: 874, 968, 649; 1842, 1523, 1617
B: 465, 377, 838; 842, 1303, 1215
C: 583, 736, 628; 1319, 1211, 1364

Seite 31

Montag erledigt ☐ kontrolliert ☐

Sachaufgaben

A Ein LKW wiegt mit Ladung 9,6 t. Leer wiegt er nur 2970 kg. Wie schwer ist die Ladung? **6630 kg**

B Die Seitenlänge eines Quadrates beträgt 2,8 m. Wie groß ist der Umfang dieses Quadrates? **11,2 m**

C Ich denke mir eine Zahl. Wenn ich zu meiner Zahl 132 addiere, erhalte ich 306. Wie heißt meine Zahl? **174**

Dienstag erledigt ☐ kontrolliert ☐

Löse alle Aufgaben im Kopf und schreibe die Lösungen in die freien Felder.

A
2156 + 3344 = 5500
3725 + 1775 = 5500
2027 + 3473 = 5500
4293 + 1207 = 5500

B
5470 + 1730 = 7200
2108 + 5092 = 7200
3506 + 3694 = 7200
4896 + 2304 = 7200

C
5260 + 4140 = 9400
3982 + 5418 = 9400
5346 + 4054 = 9400
2415 + 6985 = 9400

Mittwoch erledigt ☐ kontrolliert ☐

Verdopple jede Zahl im Kopf und schreibe deine Lösung in das freie Feld neben der Aufgabe.

A
4114	→	8228
2565	→	5130
3976	→	7952
4635	→	9270
3818	→	7636

B
1276	→	2552
3359	→	6718
2461	→	4922
2155	→	4310
4523	→	9046

Donnerstag erledigt ☐ kontrolliert ☐

Du startest mit dem angegebenen Betrag. Das Geld im ersten Kasten bekommst du dazu, das Geld im zweiten Kasten bezahlst du dann. Kreuze an, wie viel Geld du noch hast, wenn du die in den Kästen gezeichneten Beträge berechnet hast. Die Buchstaben hinter den richtigen Lösungen ergeben das Lösungswort.

A € 21,75 — € 8,47 — € 4,55 — € 25,67 (H)

B € 93,47 — € 15,20 — € 9,63 — € 99,04 (A)

C € 86,40 — € 23,70 — € 15,46 — € 94,64 (N)

D € 62,93 — € 9,46 — € 25,80 — € 46,59 (D)

Lösungswort:

A	B	C	D
H	A	N	D

Freitag erledigt ☐ kontrolliert ☐

Setze <, > oder = richtig in die Kästchen ein.

895 + 236 < 1230	81 kg > 8010 g	2 H 9 Z 1 E < 292
887 – 213 = 674	789 + 523 > 1129	55 : 9 = 6 R 1
5,06 € < 560 Cent	84 dm > 0,112 m	6 t > 5999 kg
80 l > 8000 ml	230 mg < 23 g	96 : 7 < 14 R 6
785 – 320 > 455	7380 mg < 7,4 g	8750 m < 8,8 km
5008 g < 5,08 kg	87 Cent = 0,87 €	519 + 280 > 780

Lösungen

Seite 32

Montag erledigt ☐ kontrolliert ☐

Addiere schriftlich. Aus den Kennbuchstaben der richtigen Lösungen ergibt sich ein Lösungswort.

A
6549
+ 8173
+ 3622
= 18344
17344 (S) 18344 (R) 19344 (T)

B
1386
+ 4791
+ 2098
= 8275
8275 (A) 9175 (P) 8375 (C)

C
897
+ 7415
+ 4501
= 12813
11813 (I) 12713 (H) 12813 (D)

D
6432
+ 7607
+ 4495
= 18534
17534 (L) 18434 (E) 18534 (A)

E
1179
+ 6638
+ 7763
= 15580
15580 (R) 16850 (L) 15570 (S)

Lösungswort:

A	B	C	D	E
R	A	D	A	R

Dienstag erledigt ☐ kontrolliert ☐

Subtrahiere schriftlich. Aus den Kennbuchstaben der richtigen Lösungen ergibt sich ein Lösungswort.

A
6230
− 953
− 1754
= 3523
☐3523 (S)

B
7887
− 2697
− 1632
= 3558
☐3558 (E)

C
9186
− 1068
− 3695
= 4423
☐4423 (I)

D
9519
− 1943
− 3692
= 3884
☐3884 (D)

E
7639
− 3140
− 1756
= 2743
☐2743 (E)

Lösungswort:

A	B	C	D	E
S	E	I	D	E

Mittwoch erledigt ☐ kontrolliert ☐

Trage die Zahlen, die genau in der Mitte zwischen den beider. angegebenen Zahlen stehen, in die grauen Kästchen ein.

A 1482 [1508] 1534
B 1732 [1764] 1796
C 1211 [1232] 1253
D 1120 [1152] 1184

Donnerstag erledigt ☐ kontrolliert ☐

Zeichne die Körper nach.

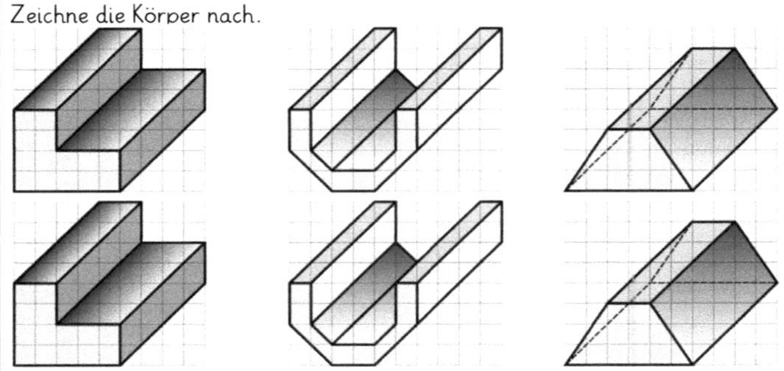

Freitag erledigt ☐ kontrolliert ☐

Wandle in die angegebene Einheit um.

A
1,06 km = 1060 m
5500 dm = 0,55 km
900 mm = 9 dm

B
7,2 m = 72 dm
80 m = 0,08 km
0,8 dm = 80 mm

C
45,2 m = 452 dm
3,08 dm = 308 mm
0,008 km = 80 dm

Seite 33

Montag erledigt ☐ kontrolliert ☐

Bestimme die Anzahl der Kanten der abgebildeten Körper. Die Buchstaben der richtigen Lösungen ergeben das Lösungswort.

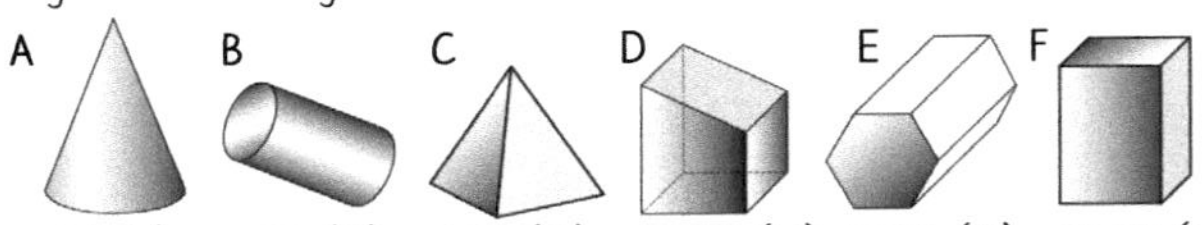

☐1 (J) ☐2 (A) ☐8 (G) ☐12 (U) ☐18 (A) ☐12 (R)

Lösungswort:

A	B	C	D	E	F
J	A	G	U	A	R

Dienstag erledigt ☐ kontrolliert ☐

Multipliziere schriftlich. Die Kennbuchstaben bei den richtigen Lösungen ergeben ein Lösungswort.

A
89 · 47
356
623
= 4183
4183 (S)

B
74 · 83
592
222
= 6142
6142 (T)

C
56 · 82
448
112
= 4592
4592 (Ö)

D
83 · 59
415
747
= 4897
4897 (R)

Lösungswort:

A	B	C	D
S	T	Ö	R

Mittwoch erledigt ☐ kontrolliert ☐

Den Flächeninhalt einer ebenen Figur bestimmst du, indem du die Anzahl der quadratischen Kästchen zählst, die von der Fläche bedeckt werden. Ein Kästchen hat einen Flächeninhalt von 1 cm² (sprich: ein Quadratzentimeter).

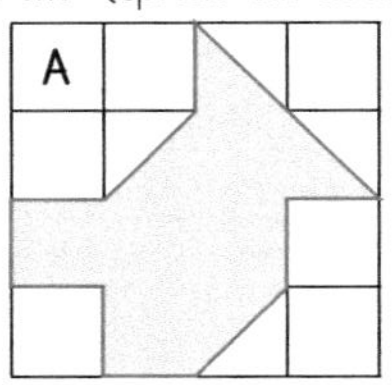

Flächeninhalt: 7 cm²

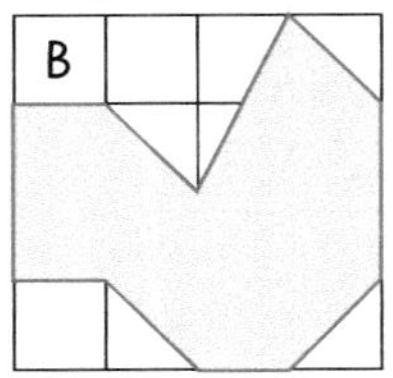

Flächeninhalt: 10 cm²

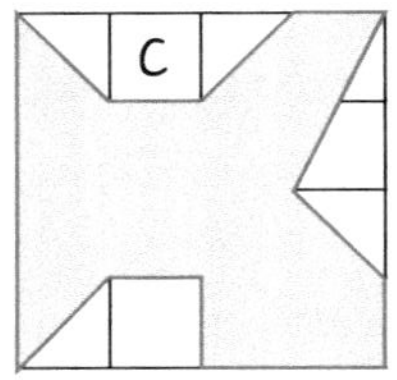

Flächeninhalt: 11 cm²

Donnerstag erledigt ☐ kontrolliert ☐

Sachaufgaben

A Inga und Karen haben zusammen 400 € gespart. Inga hat 30 € mehr als Karen gespart. Wie viel Geld hat Inga?

215 €

B Der Preis für eine Tischtennisplatte wurde um 39 € auf 287 € gesenkt. Was kostete die Platte vorher?

326 €

C Der Unterricht an Utas Schule beginnt um 8:15 Uhr. Uta geht 23 Minuten vor Unterrichtsbeginn von zu Hause los.

Beginn: 7:52 Uhr

Freitag erledigt ☐ kontrolliert ☐

Ergänze jeweils zu einem magischen Quadrat.

A

15	8	13
10	12	14
11	16	9

B

400	340	310
260	350	440
390	360	300

C

32	6	4	26
10	20	22	16
18	12	14	24
8	30	28	2

D

17	24	1	8	15
23	5	7	14	16
4	6	13	20	22
10	12	19	21	3
11	18	25	2	9

Lösungen

Seite 34

Montag erledigt ☐ kontrolliert ☐

Sachaufgaben

A Ein Elefant und das Elefantenbaby wiegen zusammen 1800 kg. Die Mama wiegt 1200 kg mehr als ihr Baby. Gib das Gewicht der Elefantenmama an.

1500 kg

B Ich denke mir eine Zahl. Wenn ich vom 5-fachen dieser Zahl 25 abziehe, erhalte ich 60. Welche Zahl habe ich mir gedacht?

17

C 12 Brötchen kosten im Sonderangebot 2,76 €. Wie viel kostet ein Brötchen in Cent?

23 ct

Dienstag erledigt ☐ kontrolliert ☐

Multipliziere schriftlich. Die Kennbuchstaben bei den richtigen Lösungen ergeben ein Lösungswort.

A 773 · 83
6184
2319
64159 (N)

B 627 · 57
3135
4389
35739 (E)

C 532 · 95
4788
2660
50540 (P)

D 956 · 43
3824
2868
41108 (T)

E 489 · 73
3423
1467
35697 (U)

F 724 · 64
4344
2896
46336 (N)

Lösungswort:

A	B	C	D	E	F
N	E	P	T	U	N

Mittwoch erledigt ☐ kontrolliert ☐

Trage die Zahlen, die genau in der Mitte zwischen den beiden angegebenen Zahlen stehen, in die Kästchen ein.

A 7312 | 8114 | 8916

B 2248 | 2931 | 3614

C 1675 | 2496 | 3317

D 6781 | 7068 | 7355

Donnerstag erledigt ☐ kontrolliert ☐

Addiere schriftlich. Aus den Kennbuchstaben der richtigen Lösungen ergibt sich ein Lösungswort.

A 5311 + 4323 + 8762 + 2053 = 20449

B 9809 + 8077 + 3506 + 6757 = 28149

C 9765 + 6827 + 5758 + 6485 = 28835

D 2657 + 4980 + 1851 + 7314 = 16802

E 4266 + 8689 + 9758 + 6499 = 29212

☐20449 (P) ☐28149 (I) ☐28835 (M) ☐16802 (P) ☐29212 (F)

Lösungswort:

A	B	C	D	E
P	I	M	P	F

Freitag erledigt ☐ kontrolliert ☐

Ermittle, welche Zahl im ersten Feld steht.

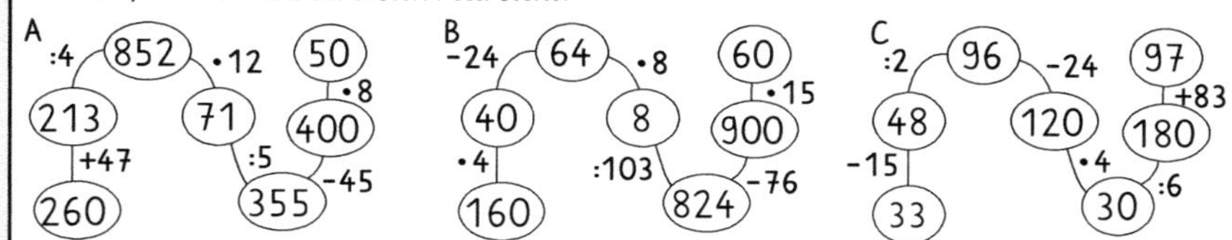

Seite 35

Montag erledigt ☐ kontrolliert ☐

Dividiere schriftlich.

A 1164 : 12 = 97
108
84
84
0

B 1105 : 17 = 65
102
85
85
0

C 2738 : 37 = 74
259
148
148
0

D 2448 : 68 = 36
204
408
408
0

Dienstag erledigt ☐ kontrolliert ☐

Gib jeweils den Vorgänger und Nachfolger der dargestellten Zahl an.

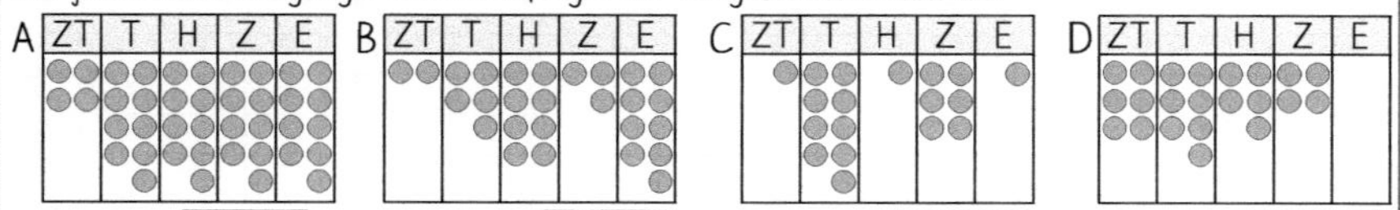

	A	B	C	D
Vorgänger	49998	25838	19160	67539
Nachfolger	50000	25840	19162	67541

Mittwoch erledigt ☐ kontrolliert ☐

Rechne jede Aufgabe im Kopf. Verbinde die Aufgabe mit der zugehörigen Lösungszahl. Aus den Kennbuchstaben der richtigen Antworten ergibt sich ein Lösungswort.

A $\frac{3}{4}$ von 2 km = — 1000 m (K), 500 m (H), **1500 m (T)**

B $\frac{2}{3}$ von 6 m = — 2 m (A), **4 m (K)**, 3 m (T)

C $\frac{4}{5}$ von 2 t = — 1,6 t (A), 800 kg (I), 400 kg (L)

D $\frac{5}{8}$ von 4 kg = — 800 g (L), 250 g (N), **2500 g (T)**

A	B	C	D
S	K	A	T

Donnerstag erledigt ☐ kontrolliert ☐

Rechne die Aufgaben aus und schreibe die Lösungen in die freien Felder unter den Aufgaben.

A 110 50 80 — kleinste Zahl mal größte Zahl minus mittlere Zahl: 5420

B 130 70 50 — mittlere Zahl mal größte Zahl plus kleinste Zahl: 9150

C 20 150 80 — größte Zahl mal kleinste Zahl minus mittlere Zahl: 2920

D 110 50 180 — kleinste Zahl mal größte Zahl plus mittlere Zahl: 9110

Freitag erledigt ☐ kontrolliert ☐

Rechne die Meterangaben in Zentimeter um und multipliziere. Anschließend wandelst du das Ergebnis wieder in Meter um.

A 9,28 m · 6
cm · 6
5568 cm
55,68 m

B 45,04 m · 7
cm · 7
31528 cm
315,28 m

C 6,95 m · 5
cm · 5
3475 cm
34,75 m

Lösungen

Seite 36

Montag erledigt ☐ kontrolliert ☐

Sachaufgaben

A Welche Zahl wurde mit sich selbst multipliziert, wenn das Ergebnis 625 beträgt?

25, 25 • 25 = 625

B Adam Ries, der Rechenmeister und Verfasser eines Rechenbuches, lebte von 1492 bis 1559. Wie alt wurde er?

67 Jahre

C Ein Grundstück ist 19 m lang und 7 m breit. Es soll mit einem Zaun versehen werden. Wie viele m Zaun werden benötigt?

52 m

Dienstag erledigt ☐ kontrolliert ☐

Rechne die Angaben in Sekunden um und multipliziere. Anschließend wandelst du das Ergebnis wieder in Minuten um.

A 2 min 40 s • 6

160 s • 6
960 s
16 min 0 s

B 23 min 25 s • 7

1405 s • 7
9835 s
163 min 55 s

C 8 min 13 s • 5

493 s • 5
2465 s
41 min 5 s

Mittwoch erledigt ☐ kontrolliert ☐

Spiegele die vorgegebenen Figuren an den eingezeichneten Achsen. Du kannst deine Bilder farbig anlegen.

A

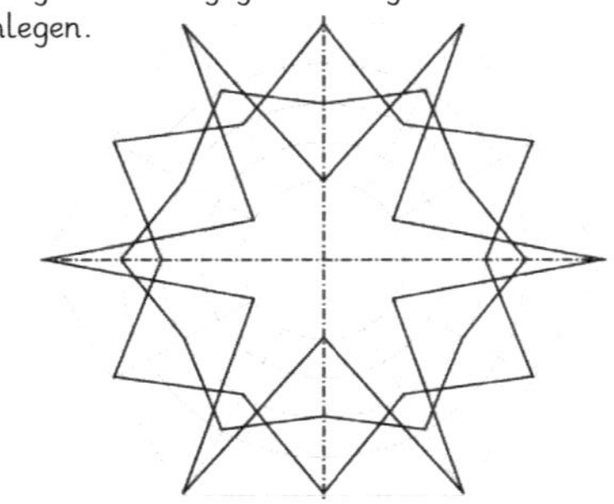

B

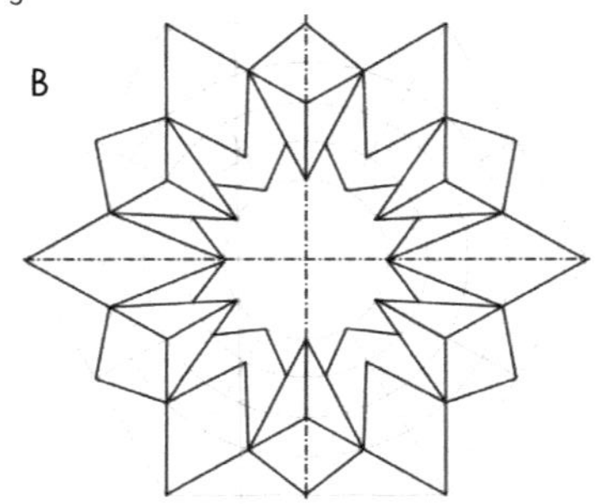

Donnerstag erledigt ☐ kontrolliert ☐

Trage die folgenden Beträge in die Stellenwerttafel ein:

	10000 €	1000 €	100 €	10 €	1 €	10 ct	1 ct
9,72 €					9	7	2
6 ct							6
846 ct					8	4	6
3782,39 €		3	7	8	2	3	9
6 €					6	0	0
505 € 7 ct			5	0	5	0	7
27463,20 €	2	7	4	6	3	2	0

Freitag erledigt ☐ kontrolliert ☐

Ergänze jeweils zu einem magischen Quadrat.

A

70	120	50
60	80	100
110	40	90

B

130	80	90
60	100	140
110	120	70

C

325	200	225
150	250	350
275	300	175

D

560	960	400
480	640	800
880	320	720

Seite 37

Montag erledigt ☐ kontrolliert ☐

Wandle die Geldbeträge wie im Beispiel um und ordne dann die Eurobeträge der Größe nach.

3456 ct	1083 ct	247 ct	18935 ct	79 ct	100271 ct	8 ct
34 € 56 ct	10 € 83 ct	2 € 47 ct	189 € 35 ct	0 € 79 ct	1002 € 71 ct	0 € 8 ct
34,56 €	10,83 €	2,47 €	189,35 €	0,79 €	1002,71 €	0,08 €

0,08 € < 0,79 € < 2,47 € < 10,83 € < 34,56 € < 189,35 € < 1002,71 €

Dienstag erledigt ☐ kontrolliert ☐

Wandle die Meterangaben in cm um und dividiere.

A 14,56 m : 13

1456 cm : 13 = 112 cm
13
15
13
26
26
0

C 84,76 m : 26

8476 cm : 26 = 326 cm
78
67
52
156
156
0

B 36,72 m : 17

3672 cm : 17 = 216 cm
34
27
17
102
102
0

Mittwoch erledigt ☐ kontrolliert ☐

Welcher Körper wird gesucht? Trage in die Kästchen den Namen ein.

A Gesucht wird ein Körper mit 6 Flächen, 8 Ecken, 12 Kanten

Quader / Prisma

B Gesucht wird ein Körper mit 2 Flächen, 1 Ecke, 1 Kante

Kegel

C Gesucht wird ein Körper mit 5 Flächen, 5 Ecken, 8 Kanten

Pyramide

Donnerstag erledigt ☐ kontrolliert ☐

Zeichne die angefangen Rechtecke und Quadrate fertig und markiere jeweils die rechten Winkel.

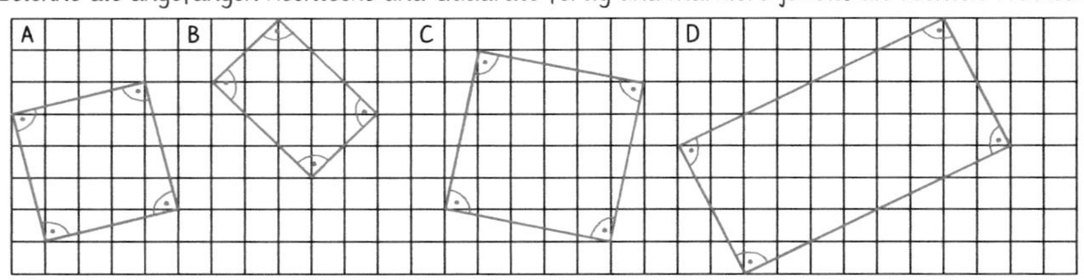

Freitag erledigt ☐ kontrolliert ☐

Wie groß ist der Umfang der Figuren in cm?

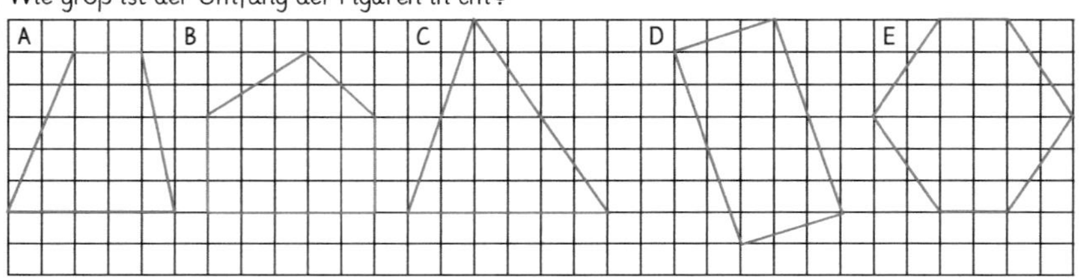

Umfang A: **8,7 cm**
Umfang B: **8,7 cm**
Umfang C: **9,8 cm**
Umfang D: **9,5 cm**
Umfang E: **9,2 cm**

Lösungen

Seite 38

Montag erledigt ☐ kontrolliert ☐

Vergrößere die Figuren im Maßstab 2:1.

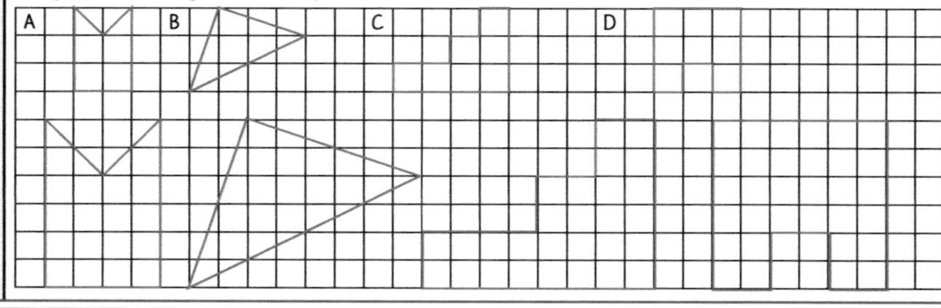

Dienstag erledigt ☐ kontrolliert ☐

Rechne die Angaben in Minuten um und multipliziere. Anschließend wandelst du das Ergebnis wieder um.

A 2 h 35 min • 7

1	5	5	min	•	7
	1	0	8	5	min
1	8	h		5	min

B 4 h 17 min • 4

2	5	7	min	•	4
	1	0	2	8	min
1	7	h		8	min

C 3 h 46 min • 8

2	2	6	min	•	8
	1	8	0	8	min
3	0	h		8	min

Mittwoch erledigt ☐ kontrolliert ☐

Sachaufgaben

A Marko verteilt gleichmäßig an die 24 Kinder in seiner Klasse 408 Gummibärchen. Wie viele erhält jeder?

17

B In einem Wasserkasten sind 12 Flaschen. Jede Flasche fasst 0,7 l. Wie viele Liter Wasser sind das?

8,4 l

C Frau Meier kauft Spargel. 2 kg kosten 15,20 €. Sie braucht für ihre Familie 3 kg Spargel. Was muss sie bezahlen?

22,80 €

Donnerstag erledigt ☐ kontrolliert ☐

Knobelspaß

A Wähle dir aus jeder Wabe 2 Ziffern und setze sie zu einer Zahl zusammen. Multipliziert erhältst du 351 als Ergebnis.

27 • 13

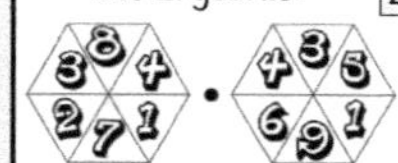

B Kannst du vier Streichhölzer so umlegen, dass zwei Quadrate entstehen?

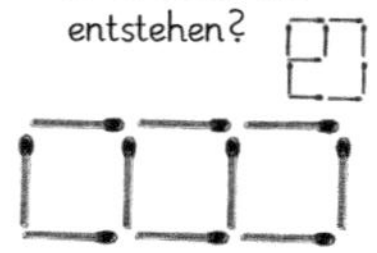

C Wie viele Quadrate kannst du zählen?

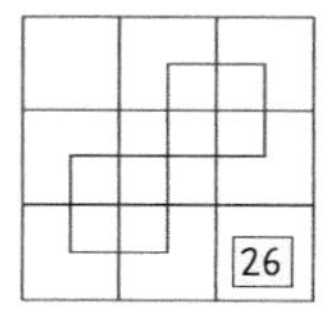

26

D Wie viele Dreiecke kannst du zählen?

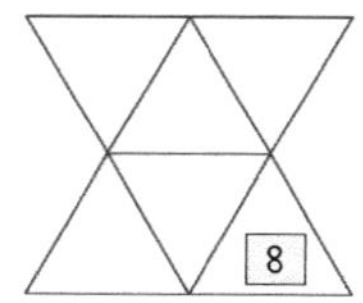

8

Freitag erledigt ☐ kontrolliert ☐

Rechne jede Aufgabe im Kopf. Verbinde die Aufgabe mit der zugehörigen Lösungszahl.

A $\frac{5}{6}$ von 3 h = — 140 min / 120 min / **150 min**

B $\frac{5}{12}$ von 5 min = — **125 s** / 110 s / 130 s

C $\frac{1}{5}$ von 2 min = — 20 s / 25 s / **24 s**

D $\frac{3}{4}$ von 5 h = — 200 min / 250 min / **225 min**

Seite 39

Montag erledigt ☐ kontrolliert ☐

Dividiere schriftlich.

A

2	9	8	8	:	3	6	=	8	3
2	8	8							
	1	0	8						
	1	0	8						
			0						

B

1	7	8	6	:	1	9	=	9	4
1	7	1							
		7	6						
		7	6						
			0						

C

1	6	2	4	:	2	9	=	5	6
1	4	5							
	1	7	4						
	1	7	4						
			0						

D

4	5	1	2	:	4	7	=	9	6
4	2	3							
	2	8	2						
	2	8	2						
			0						

Dienstag erledigt ☐ kontrolliert ☐

Sachaufgaben

A Uwes Fahrrad ist 200 € teurer als Kais Fahrrad. Die beiden Räder haben 1100 € gekostet. Wie teuer war Kais Rad?

450 €

B Wie heißt die kleinste vierstellige Zahl, die aus den Ziffern 0, 3, 5 und 7 gebildet werden kann?

3057

C Lehrer Walknix fährt die 7,5 km zur Schule und zurück. Wie viele Kilometer legt er in einer Schulwoche mit 5 Tagen zurück?

75 km

Mittwoch erledigt ☐ kontrolliert ☐

Trage die Würfelaugen ein. Du weißt ja, dass die Augen gegenüberliegender Flächen zusammen immer 7 ergeben.

A

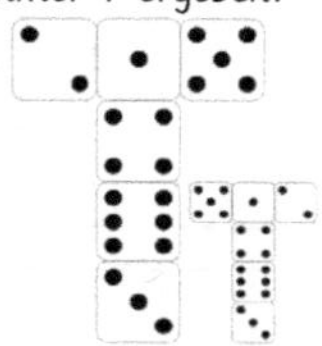

B

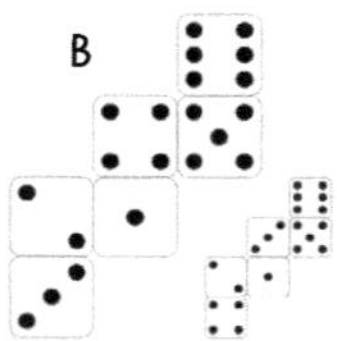

C

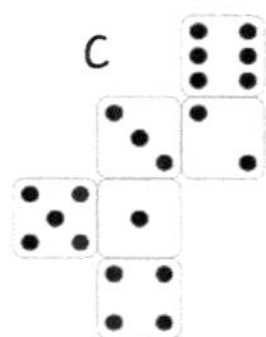

D

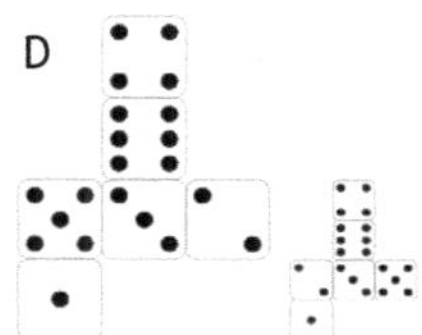

Donnerstag erledigt ☐ kontrolliert ☐

Verkleinere die Buchstaben im Maßstab 1 : 2 bedeutet:

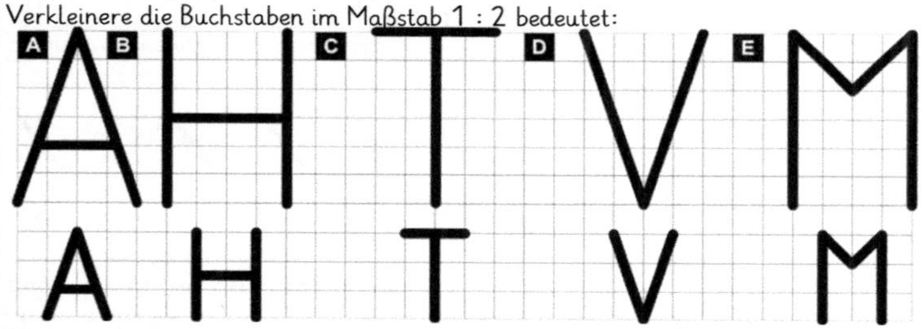

Freitag erledigt ☐ kontrolliert ☐

Spiegele die Figur an der gekennzeichneten Achse.

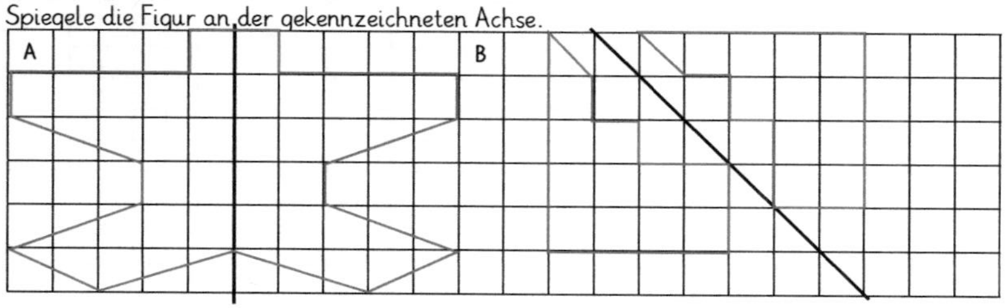

Lösungen

Seite 40

Montag erledigt ☐ kontrolliert ☐

Sachaufgaben

A Eine fangfrische Forelle kostet 5,83 €. Frau Brat-Hering kauft für ihre Familie drei Forellen.

17,49 €

B Kai überlegt: Noch 11520 Minuten, dann sind Ferien. Wie viele Tage sind es noch bis dahin?

8 Tage

C In einem Stall befinden sich Hasen und Hühner. Uwe zählt 54 Beine und 21 Köpfe. Wie viele Hasen sind es, wie viele Hühner?

15 Hühner, 6 Hasen

Dienstag erledigt ☐ kontrolliert ☐

Knobelspaß

A Lege ein Streichholz so um, dass die Rechnung stimmt. 3-1=2

3-1=3

B Lege zwei Streichhölzer so um, dass die Rechnung stimmt. 5+3=8

5-6=8

C Lege zwei Streichhölzer so um, dass die Rechnung stimmt. 8-2=6

9-8=5

Mittwoch erledigt ☐ kontrolliert ☐

Drehe die Figuren um den Punkt Z jeweils um 90° entgegen des Uhrzeigersinns. Du kannst dein Bild farbig ausmalen.

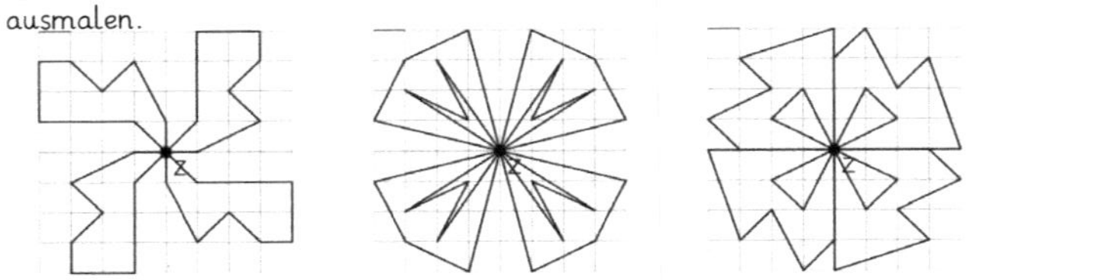

Donnerstag erledigt ☐ kontrolliert ☐

Daten und Diagramme

A) Wie viele Einwohner hat München?

B) Wie teuer ist der Mittelklassewagen?

C) Wie viel Taschengeld haben alle Kinder zusammen?

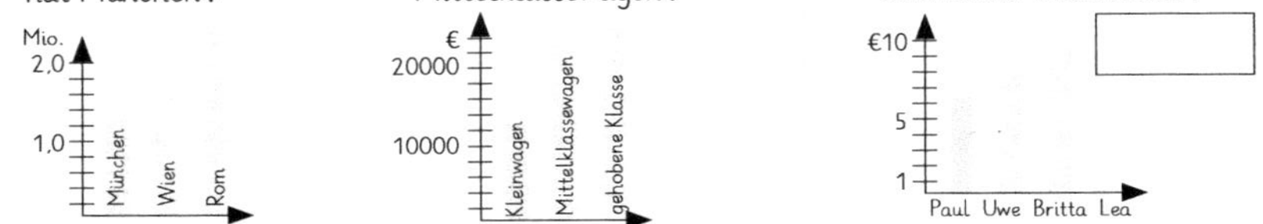

1 300 000 Einwohner | **24000 €** | **34,50 €**

Freitag erledigt ☐ kontrolliert ☐

Trage die Würfelaugen ein. Du weißt ja, dass die Augen gegenüberliegender Flächen zusammen immer 7 ergeben.

A B C D

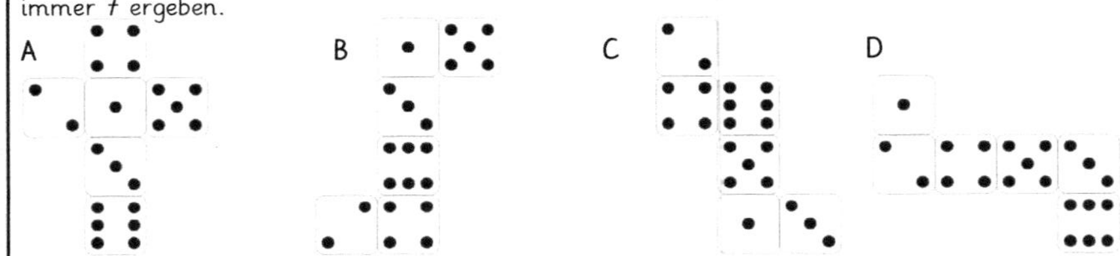

Seite 41

Montag erledigt ☐ kontrolliert ☐

Setze das Muster fort. Du kannst dein Bild farbig anlegen.

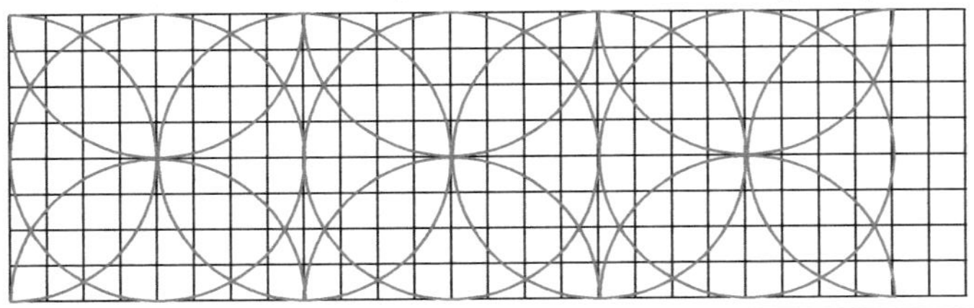

Dienstag erledigt ☐ kontrolliert ☐

Streiche alle Buchstaben die nicht achsensymmetrisch gemacht werden können. Welche Buchstaben haben zwei Symmetrieachsen?

A B C D E ~~F~~ ~~G~~ H I ~~J~~ K ~~L~~ M

~~N~~ O ~~P~~ ~~Q~~ ~~R~~ ~~S~~ T U V W X Y ~~Z~~

Mittwoch erledigt ☐ kontrolliert ☐

Ergänze die unvollständigen Netze.

A B C

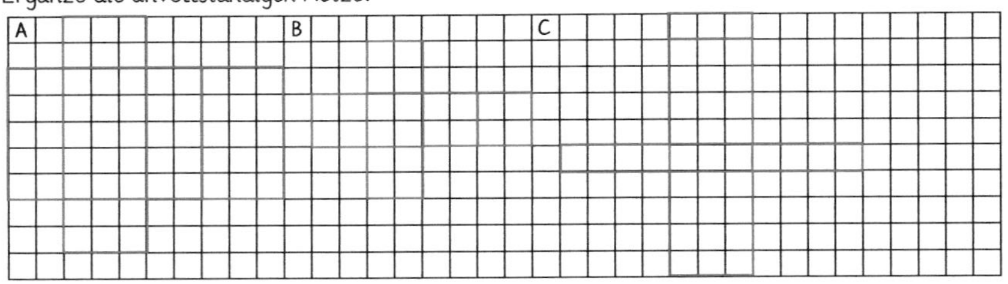

Donnerstag erledigt ☐ kontrolliert ☐

Übertrage die Kettenaufgaben aus der Tabelle in die freien Felder und rechne sie im Kopf aus.

+	1370	2092	3219	1519	–
4740	J		B		4971
3753		F	A	D	
1231	G	I			2284
1745	C	H		E	

A	3753 + 3219 - 4791 = 2001
B	4740 + 3219 - 4971 = 2988
C	1745 + 1370 - 2284 = 831
D	3753 + 1519 - 4971 = 301
E	1745 + 1519 - 2284 = 980
F	3753 + 2092 - 4971 = 874
G	1231 + 1370 - 2284 = 317
H	1745 + 2092 - 2284 = 1553
I	1231 + 2092 - 2284 = 1039
J	4740 + 1370 - 4971 = 1139

Freitag erledigt ☐ kontrolliert ☐

Die römischen Zahlen sind **I** = 1, **V** = 5, **X** = 10, **L** = 50, **C** = 100, **D** = 500, **M** = 1000.
Schreibe die römischen Zahlzeichen mit unseren arabischen Ziffern.

XXIV = 24	**CVII** = 107	**MXX** = 1020	**MDCCLXIV** = 1764
LXIX = 69	**CXIV** = 114	**CDIV** = 404	**MCCCXLVI** = 1346
CXLV = 145	**MDC** = 1600	**CCIX** = 209	**MDCXXIII** = 1623